U0566879

北大建筑

大木与空间

传统结构的表现与潜力

朴世禺 著

机械工业出版社
CHINA MACHINE PRESS

序

1

当年在清华读闲书，读到蒙田为自己的健忘症罗列各种妙处时，我还忍俊不禁，却没留意我那时已显露出各种健忘的迹象。

读研中途，带老友老谢去我江西的老家，却径直走进别家院子，我自嘲说是早上雾大，他却不依不饶，说是连梦游者都不会找错自家；到北大教书初期，有次去清华东门参加活动，半夜回北大东门外的家，我记得这两处在同一条街的两端，就谢绝了学生的相送，独自往家走，却越走越觉森然，问一位抢修管井的橙衣工人，说是我走反了方向；在杭州的一次聚会，我错拿了刘家琨的行李，他对我的形盲程度极尽讽刺，说是我俩的行李虽有黑色的共性，却有箱与包的形别，并责备我那时近视多年却不戴眼镜的习性；就在那次聚会上，一位长者过来与我握手，寒暄过后，我向邻友悄悄打探这人是谁，后者愕然低声训我，说是这位院士上个月才请我吃过饭，并义正词严地谴责我的"忘恩负义"。

我在这些活动中，并没感到健忘的任何妙处，只有尴尬得不可名状。我渐渐不愿参加离家稍远的活动，也开始畏惧超过三五好友之外的聚会。

大概是我好为人师的癖好，才让我克服了记不清学生名字的恐惧，并在北大组课流变的学生间安坐了二十余年。苏立恒是我招来的第一位研究生，那时北大建筑学研究中心（以下简称"中心"）不同导师的学生都还一起上组课，他笑眯眯的面孔在这群学生中毫不起眼，但我对他毕业后租房制作节能墙体进行计量实验的事印象深刻，曾邀请他来组课上讲解他如何将那些实验带入他的实践。他在组课上自我介绍时说，在他读研期间，我常对着他喊着另一位导师的学生名字，他纠正过几次未果，就既不愿让我难堪，也知道我在喊他，他就将错就错地一直应着我毕业了。

2

随后一届的王宝珍，我能很快记住名字，大概是他与那时我正看《士兵突击》里的王宝强，既有名字的相似，也有一样河南腔的普通话，他的名字与他的倔强，尤其是他喜欢动手制作的习性，都与张永和留下的建造实践课的余韵匹配。

他见到中心因建造课终止而封箱的成套木工工具，既眼馋也手痒，就利用课余时间，用中心囤积的原木，独自制作了一张靠椅。我屡屡在组课上讥讽这张靠椅的不舒适，却无法阻挡他总想再制作些什么的冲动。时值北大东门拆迁，方拥教授带着工人捡回不少精美的汉白玉构件，还有木方与砖瓦，以备禄岛改造所用。王宝珍想用旧瓦在后山上铺设了一块瓦铺地，方拥即时地制止了他的制作冲动，理由是瓦应铺设到屋顶而非地面上。我一面告诫王宝珍别再动用中心囤积的建材，一面安慰他说，计成与李渔都曾推荐过瓦波浪铺地。

等我带着他们几位学生去明秀园进行建造实验时，王宝珍的建造天赋才真正展开，分给他师兄师弟们的设计，都在我的辅导下分别完成，只有他独自设计了一座结构清晰的竹材曲轩。最终，这些建筑一个也没建成，只有两处很小的场地设计得以实施，也都是他独立设计并督造完成的。王宝珍对在现场建造的这种狂热与冲动，帮他选择了土、砖、秸秆这些自然材料的低技建筑为硕士论文题——《土 + 砖 + 秸秆》，并直接影响了他毕业后持续至今的建筑与造园实践。

上个月，我带着溪山庭园林学堂的第一批学员去参观王宝珍的东麓园，从他堆叠池岸乃至将自然意象引入室内的妙笔中，我都收获颇多，而旁听他给学员的讲课，我却依旧有着当年在组课上一样的不适。他以为是造园思想与方法的讲述，依旧像是对造园手法的讲解与辩解。他依旧欠缺张翼那种理论推演的能力，因此也就导致他无法对这些造园手法设立可以评估的学科边界。

在王宝珍与张翼同时在我这里就读时，我就常常幻想他们俩能相互嫁接彼此的实践与理论天赋。

3

我至今还记得第一次见张翼的情形。

我那时在北大东门附近的咖啡厅撰写关于山水的博士论文，一身中山装的张翼，忽然到我对面坐下并向我致意。他腰板挺直，光头泛光，开门见山地说他叫张翼，是张飞缺"德"的张翼，我当时就记住了这个名字。他说他想跟我学设计，并调侃自己的光头是为装饰脱发的严重。我察觉到他调侃背后的紧张，就问他怎么找到我的。他说他对中国建筑界一无所知，唯一知道的王澍，还是他母亲收集的简报给他，等他从华南理工大学毕业后想要继续读书，就向在非常工作室工作的好友打听合适的导师人选，他的好友向他推荐了我，说我常来这家咖啡厅，他就来这里碰碰运气了。

我那些年在北大建筑养成的面试习惯，都是先问学生对建筑有哪方面兴趣。他说他正执迷于中国古代大木作的建造技术。在讲述他最擅长的领域时，他放松下来，兴致勃勃地谈及他参与各地大庙修建的经历，以及连古建教授都未必知道的庑殿斜脊如何安装的技巧。我那时才建完清水会馆，对大木作既无知识也无兴趣，就在他每次停顿时不断追问他，你这些兴趣能否带入当代设计实践。他事后告诉我，面对我始终不变的追问，他平生第一次有了想哭的冲动，不是基于畏惧或无知，而是他从未想过要将这些古建兴趣与当代设计相关联，他本以为这两者间有着自然而然的关联，猛然被我问及，才发现两者之间竟然一片虚无。

他提前来到我的研究生组课，顺带等着来年考试，很快就与入学不久的王宝珍彼此投缘。那时拥教授正带学生督造禄岛上的新教室，因为是复原古建式样，张翼就轻车熟路地参与其间。在正房上梁之际，师生们都在翘首以待，张翼却跑去扶住支撑大梁的木柱，工人安装的大梁忽然歪散，几乎擦过张翼的头皮轰然坠地，我吓得魂飞魄散，勒令他不要再去方拥的工地。一次方拥带大家参观故宫，中途对我们提了一个无人能答的古建问题，只有蹭课的张翼给了答案。方拥好奇地问他从哪儿知道的，张翼说是自己琢磨出的，方拥盯着他狠看了一会，觉得不可思议，说他自己思考此事多年，才得出并未公开的类似结论。大概是被方拥盯得发毛，又担心会被方拥招去学古建，考了第一名的张翼，面试时一再强调他自学古建，只是为向董老师学习造园做准备，并无惊无险地归到我的名下。

他在我这里就读初期，既没有表现出对建造实践的兴趣，也没找到大木作如何与当代设计发生关联的接口。

4

王宝珍入学那年，我主持了张永和离开后最后一次建造实践课。我给出的秋季组课议题是"砌体"，研究的范围既有砖块，也有土坯；既有全无形状的毛石，也有赖特早年建成的那些华丽的砌块建筑，我甚至还将沙夫迪 1967 年在蒙特利尔建造的集合住宅，视为空间砌筑的案例。我将我收集的不同案例交给学生，让他们自行选择各自感兴趣的案例进行研究，王宝珍大概那时就选择了哈桑·法赛的土坯建筑，并成为他后来硕士论文研究的内容之一。张翼那时还没入学，却挑选了赖特的砌块建筑进行研究。他在组课上详细讲解了赖特那些纹样华美的砌体建筑，并试图寻找它们与赖特的老师沙利文关于装饰纹样著述的关联。我中途向他提问——赖特这类砌筑建筑，既然建成时就遭遇到墙体漏水问题，它们本可用赖特草原式住宅成熟的大屋顶出挑来解决，为何赖特这类房子却几乎没用到大屋顶？张翼虽得出赖特想要表现几何体量才放弃大屋顶这一结论，但更深入的研究，似乎难以为继。

张翼正式进入我门下读书时，我那时正在阅读卒姆托英文版的《三个概念》，我对里面数次出现"monolithic"具有"独石般的"以及"单色的"这两种词意都有兴趣，以为这既可能是解读卒姆托建筑空间的造型关键，也可能与 20 世纪 60 年代兴起的大色域抽象画派有关，就将这一模糊的议题交给张翼，但这如一只鳞片般的线索，显然难住了他。我转而将斯卡帕为什么常用 5.5

厘米的线脚来浇筑混凝土的具体问题交给他，并让他考证这些是否与古希腊柱身上的凹槽线脚相关。我不清楚张翼如何将斯卡帕的线脚当作楼梯，又如何将古希腊柱身凹槽当成扶手，他忽然进入两者之间的文艺复兴的装饰语境。当他得出文艺复兴的线脚是为将建筑装饰成独石般的体量时，我将信将疑；当他将装饰区分为"本体性装饰"与"再现性装饰"时，我忽然意识到，这或许是现代建筑被隐匿的核心议题之一；当他随后准备以《建筑装饰》为硕士论文题所展开的组课阐述中，其缜密的理论素养，似乎只有张永和的研究生吴洪德才可比拟。

5

张永和离开北大时，将还未毕业的吴洪德委托我继续指导。

我第一次在咖啡厅听吴洪德讲他关于图表的论文，竟有听不懂却觉得厉害的奇异感，这种感觉，我只在清华 601 宿舍听李岩讲建筑时才有过。我不舍得独自听，就请他暂停，我叫来我的几位学生一起听，其中大概就有王宝珍与张翼。我那时没想到，在一旁颇显懵懂的张翼，很快就让我将他与吴洪德视为中心并驰的理论天才。等张翼研二正式撰写论文时，我发现他的论文文体，就像是组课上的口语录入，我批评他的口语化文风，他则要我推荐论文写作的范本，我一时记不起来，就让他参考王骏阳翻译的那本《建构文化研究》，他再次表现出超凡的学习能力，他下次提交的论文章节，我已挑不出文字毛病。

在张翼写作迅速的论文初期，王宝珍的毕业论文已近尾声，我对王宝珍论文的内容比较满意，但对他的记叙文的写作倾向颇为头疼，想着张翼表现过这方面的超凡禀赋，就建议张翼帮忙把关。因为记得张永和希望中心能培养出有思想的实践者，也记得那次带他们几位学生参与明秀园建造实践时张翼的吃力，就督促张翼尽快完成毕业论文，以便毕业前我还有时间单独辅导他的设计实践，后来却不了了之。

张翼对毕业后的去向描述，我至今难解。一方面，按他的讲法，他比我还好为人师，他甚至愿花钱雇人听他讲课；另一方面，与我得知大学老师不用坐班就决意要当老师不同，张翼却决不肯进任何教学机构就职。我后来听说，他在广州创办了同尘讲坛，还听说听他的讲座得提前月余才能预约上，我既感夸张，也觉欣慰。张翼开设的同尘讲坛，很快对我这里就有了反哺，很有一些质量不错的考生，经由同尘讲座的洗尘而来。而我本人的受益，则是我读过同尘发表的一些质量不错的文章，尤其是张翼与陈录雍合写的《混凝土材料塑性表现的双重逻辑》，是我那些年读到的最好文章之一。

因为记得想为张翼补强设计的夙愿，几年前，我召集几位研究生一起参与何里拾庭的设计时，特意邀请他与王宝珍一起参加。王宝珍的设计一如既往总体动人，也一如既往总有几处强造处，张翼的设计却让我颇为失望，他撰写的那些相关构造与节点的精彩文章，竟完全没能投射到他自己的设计中。面对他既无节点也无构造的设计，我很有些气急败坏地旧话重提，再次要求他向王宝珍学习建造技巧，同时也希望王宝珍能以张翼的理论逻辑来克服他的炫技习惯。

积郁多年的张翼，终于没能忍住反驳我，他说没几个人能像您那样既精通建造又长于理论，当年您就老是恨不得我与宝珍合体，您不清楚这对我和宝珍的压力到底有多大，我们能各自精通一样技能就已殚精竭虑了。我忽然间就哑了口，我听出一些委屈，甚至一丝讥讽，我意识到，张永和要为北大培养有思想的工匠任务的确高不可攀，我退而求其次地想，我能培养出王宝珍与张翼这两类实践与理论专才，似乎也并不容易，有时，甚至要靠机缘。

6

我对他们是否由我培养而成，也并不确定。
大概是在明秀园那次建造实践课，远离了北大组课的激烈氛

围，王宝珍不知为何会讲起他小时候就有制作的兴趣。他那时与同龄人一起制作各自的弹弓，做完后小伙伴会花钱买王宝珍做的弹弓，大概是因为他的弹弓既好用又讲究。

如此看来，我并没培养出他的制作兴趣，只是张永和为北大建筑培植出的建造氛围，共振了王宝珍本有的制作本能，投射到具体的建筑设计上，就呈现出清晰的建造工艺，我却总想把他并不擅长的理论思考，强加给他。

张翼在组课上显示出文艺复兴建筑理论的深厚素养，让我自叹不如。我有一次问他是否在本科就积蓄了西建史素养，他神情古怪地提醒我是否记得他对中国古建大木作的最初兴趣。我一时羞愧难当，忽然记起他常以柏拉图的《理想国》来起兴装饰起源的话题，就转而问他是否很早就对柏拉图感兴趣，他点头称是。

这大概能解释他理论缜密的来源。有了柏拉图哲学的兴趣打底，当他为阐述装饰一词而阅读文艺复兴的建筑理论时，哪怕是救急式的阅读，也大抵不会失去逻辑，并以此驾驭他关于"本体性装饰"与"再现性装饰"这两种我至今还难区分的概念。就此而言，我也并没教过他本已擅长的逻辑缜密，大概是我初次见面就逼他将已有的兴趣投射到现代建筑上的压力，推动了他将本科时的哲学兴趣嫁接到建筑思考上时，才嫁接出他关于建筑装饰议题的理论深度，我却总想将王宝珍的建造天赋强加于他。

我有时难免会虚构，不知张翼将柏拉图理论的兴趣投射到他最初的大木作兴趣上，将会展现出中国建筑怎样的现代建筑理论前景。

7

直到比张翼晚九年入学的朴世禺，写成了《传统大木建筑的空间愿望与结构异变》毕业论文时，我才清晰地意识到中国大木作结构所能展现的空间潜力。

性格温和的朴世禺，大概是在三年间从没被我训斥过的第一位学生，我既想不起他如何选定大木作的论文题，也记不起他论

文展开的具体内容，只模糊记得他每次组课讲述论文时都波澜不惊，既无让我眼前一亮的惊讶，也从无让我觉得堵塞的硬伤，我也因此在很长时间都记不清他的名字。等晚一届进来的张逸凌准备撰写日本书院造的论文时，我对书院造梁架结构一知半解，就让她去咨询才研究过大木结构的朴世禹，在她的论文组课上，我就屡屡听到朴世禹的名字，我才候补式地记住了这个名字。

朴世禹毕业后，去了故宫博物院，在张逸凌最后一年的论文组课上还常常出现，并实质性地充当了张逸凌的副导师。他经常抽空来我的研究生组课，有时也会在组课上讲解他正感兴趣的一些议题。我有一次问他在故宫里工作的感受，他黝黑的脸上立刻就笑出白齿，说是除开每月发工资那天有些犯愁生活外，他每天都觉得特别有意思，无论是勘查现场，还是旁观故宫建筑的修复；无论是查找文献，还是偶尔有机会在故宫里做些展陈设计，都让他觉得既兴奋又新鲜。我在他这些看似普通的描述中，发现他并不平凡的性格，他的拮据生活，既然没能压倒他的兴趣，就将保护他推进专业兴趣的持久性。后来又听说他出版了一本相关古建技术的科普畅销书，欣慰之余，就问他是否在本科就对大木作有兴趣。他果断地摇头，说是我那时开始对日本书院造空间感兴趣，就将大木结构的准备知识交给了他，他从一无所知处进入大木作空间的构造领域，他越是研究就越觉得有意思，后来就变成了他的硕士论文题。

8

我对大木作起兴的缘由，确实是在朴世禹入学前后。

我父亲去世那年，我正在阅读葛明送我的筱原一男作品集，见到他以大屋顶、土间这些日本传统建筑要素所展开对现代建筑空间的精彩论断，就在《天堂与乐园》的章节里，模拟着写了些与中国建筑屋顶、墙身、宅地与身体文化相关的片段文字，并尝试着推演中国传统大木建筑对现代设计的可能性潜力。

一次与葛明在红砖美术馆闲聊建筑，他对红砖美术馆小餐厅以仿木混凝土架构出的空间剖面极有兴趣，我则得意于小餐厅二次改造时的转角打开。我炫耀它以减柱的结构方式获得即景应变的空间效果，葛明则兴奋地谈及他在微园曾以移柱来加密柱子所获得的空间疏密的效果。

正当我俩眉飞色舞地对结构性的减柱、移柱、密柱可能带来的空间效果进行畅想时，一旁古建专业出身的周仪听不下去，她冷哼了一声，说是你俩根本就在滥用减柱、移柱这些专业术语，并断言说，日本光净院客殿的减柱空间才真正精彩。

我那时已动了想去日本看看的念头，正好葛明微园的甲方想邀请我俩一起去京都，以感谢我对微园置石提供的一些建议。我和葛明到了京都，却发现光净院客殿既不在京都，也不对外开放，只对特殊学者预约。那次京都之行，我不但参观了我所聚焦的几个庭园，也刻意留意了周仪提醒我书院造长押的空间设计潜力，并猜测日本当代建筑以梁架围合空间的案例，多半就源于书院造利用梁下长押围合的空间意象。

隔年与周仪再去日本，她提前预约了日本两大书院造经典——劝学院客殿与光净院客殿，尽管我们是在一位僧人帮忙开门引导或监督之下，仅仅一瞥两个客殿内外空间架构，就足以让我动心。在《天堂与乐园》里，我曾描述过它们对我的结构性刺激，我对中国大木空间常以减柱或移柱来解决内部宗教场景的空间意象并不满意。我以为，若是能找到中国建筑对外部景象曾有即景反应的空间经验，就能克服当代建筑只能对材料、结构、空间进行自我表现的炫技困境。

我那时虽从周仪撰写的《从阑槛钩窗到美人靠》一文中，发现了中国建筑装折部分有对户外风景的装折意图，也在自己阅读《营造法式》时发现了截间屏风与照壁屏风这类分割空间的隔截方式，或许能与筱原一男针对日本空间分割相互比照，我甚至还尝试着对分割与分隔、隔截与隔断进行词义辨析，以推演它们对空间设计的差异性潜力。基于现代建筑空间与现代框架结构的密切语境，总以为大木结构比装折体系对现代空间的影响才真正关键，当我在劝学院客殿与光净院客殿里，发现它们各自减柱的结构设计都有为身体在广缘间直面风景明确的空间意图时，尤其是它们利用移柱的方式所得到的转角打开的空间指向——我一直以为是赖特的专利，我当时的喜悦无以言表，我希望有人能以日本书院造的大木空间为比照，来研究中国大木作的空间潜力。

朴世禹恰逢其时地承担了这一任务，他不但全面比较了中日大木结构的基本差异，也远比我系统地阐释了中国大木结构有对现代空间设计展现出的各种潜力。而晚他一届的张逸凌，则直接以《建筑设计视角下劝学院客殿与光净院客殿之对照分析》为她的硕士论文题。我和常年参加中心答辩的李兴刚与黄居正，一致认为这两篇论文是我所有学生论文里最优秀的几篇之一。

9

检讨这几位学生论文题目的来历，我开始反省我对学生定题方向的错觉。

多年前，葛明就劝我让学生撰写我所聚焦的园林议题，我总是说我当年读王国梁老师的博士时，就得益于他对我所感兴趣的论文方向没设限制。我最理想的学生，是那些自带兴趣与问题的学生；我最理想的教学方式，是帮助学生们推动他们各自感兴趣的议题，只有那些没带兴趣来我这里的学生，我才会给出议题建议。多年来，我一直自得于我带过的三十几位研究生，研究园林的只有零星几位，其余论文方向的多样性一度让我产生过百花齐放的幻觉。

如今想来，我自己带过的学生，除头两届学生自带了兴趣来我这里外，往后的学生，似乎只有王磊与薛喆的论文方向是他们自己的兴趣所致。化学系转来的王磊，因为自带了对植物的兴趣，就撰写了《植物与现当代建筑的关系初探》，而薛喆自行撰写的《建筑设计中的徒手曲线》，是我既陌生也无感的领域，其余学生，即便是张翼关于建筑装饰的论文，其起兴的几处片段，都是我有兴趣却力不从心的线索。如今看来，我那些学生论文看似毫无规律的论文题，大致还是夹杂着我对身体与行为的空间兴趣、转角打开所带来空间潜力的兴趣，以及我对现代空间装置艺术的久远兴趣，它们似乎都开始偏离王宝珍那属建造实践的方向。

但这些论文选题的方向，也并非全由我主导。我记不清是朴世禹还是哪位学生，在讲解自己的论文时列举过中村竜治那些以梁、基座等建筑术语命名的装置，我和组课的学生都很喜欢，就交给比张逸凌再晚一届的秦圣雅研究，她撰写的《中村竜治装置中的分割与意象》论文，与张逸凌、朴世禹的另两篇论文，都是我近十年带过的最优秀的毕业论文。

这三位三届接续的学生，他们的本科学校都很普通，他们考入中心的成绩都是录入学生中的末名，他们都没自带建筑方面的兴趣，一开始也都没显示出非凡的个性，但对我交给他们的议题，却都有推动问题的扎实能力，却都写出让我觉得皆可出版的优秀论文，他们就没经历过我的严厉批评，以至于张逸凌听说师兄师姐都有被我训哭的经历时，她瞪大眼睛看我不敢相信，她大概是第一位说我性情温和的学生。

这多少让我觉得安慰，他们大概能证明三件事：我并非只能通过严苛才能教好学生；类似我这种没有显赫本科的学生，也能学好建筑；学生们是否自带兴趣来我这里，也并非能否写好论文的关键。

10

当初面临中心被取消时就想筹划这些学生论文的出版一事，直到最近才具体落实，预计将要出版的十二本，因毕业生各自的事业繁忙，未必一定都能完成，我选择先出王宝珍的《土＋砖＋秸秆》、张翼的《建筑装饰》、朴世禹的《大木与空间》这三本由论文扩展的著作，并非因为他们的毕业论文最佳，而是他们都曾各自出版过比较畅销的著作，我想以此来减轻出版社的经济压力。

当我准备为这三本先行出版的论文写个总序时，才发现我那本一起出版的《砖头与石头》，更像是我为何张罗这批学生论文出版物的一篇长序，在封面括号里的清水会馆(记)、北大建筑(记)，分别记录了我对清水会馆被拆以及北大建筑学研究中心被撤的两种新旧不一的情绪。我既想用清水会馆新近被拆的新鲜情绪，来对冲北大建筑早已消亡的恻恻恫怅，又想用预计十二本学生论文的出版周期，来延长北大建筑依旧存在的幻觉。

一个月前，退休了两年的王昀老师来我办公室，参加北大建筑最后一届研究生答辩，听说我也不再招收学生，常年担任答辩委员的黄居正与汪芳都有些伤感，都在问我既然还有几年退休，为何不继续招生，我回答说是因为没了王昀老师的庇护，而更真实的情绪则是我不想再苦心经营北大建筑依旧持存的幻觉。答辩过后，王昀如释重负地与我道别，笑眯眯地向打点中心办公室已二十余年的张小莉老师致谢，并希望她能坚持到我也退休之际，张小莉眼含热泪地说她也准备收拾回家了，并感谢黄居正、汪芳老师这些年对中心的大力支持。我对这种离别情绪，当时都有些麻木。

隔几日在办公室再见张小莉，我忽然心血来潮地想劝她再留几年，我知道她喜见我这里学生兴旺的情形，这几年毕业生不能进校参与我的组课，让她倍感冷清。半年前，我破天荒地招来一位在美国念书的本科生来千庭工作室实习，大概还想维持中心还有学生上课的幻境。我向她许诺，接下来，还会有一位同济的实习生，加上千庭工作室的钱亮与张应鹏，都是她既熟悉也喜爱的我的毕业生，我希望她能一如既往地管理他们。我还说，如果连你也要和王昀一起离开，我可能也不愿再来办公室，我大概会带着钱亮他们去外面的咖啡厅里工作。张小莉很是唏嘘伤感了一会，终于答应我再坚持个一年半载再说，我当时所觉到的心安，后来证明还是幻觉。

半个月后，一位南方的设计师和钱亮联系，说他想来办公室看望我，钱亮说董老师最近几乎不来办公室了。我是在这位朋友的电话转述中，才觉察到我的习性改变，我有意无意地以各种忙碌，避开我过去常去的办公室，大概是师生们都一一离开后的孑然处境，我并不习惯。

11

2005 年，张永和在北大建筑学研究中心初创期的辉煌间离开时，我也不适应。

张永和为北大建筑学研究中心构想的理想架构，是由导师负责的工作室制。学生除开选修北大外系的必要学分外，头两年主要参加建造研究与城市研究这类通识必修课，第三年可选择不同导师的工作室，完成各自的毕业论文。我那时还没有招收学生的资格，却是我最喜爱的教学状态，我既可选择张永和的研究生中我有兴趣的话题进行交流，又不必承担他们能否毕业的责任，我那时交往最多的是臧峰、黄燚、王欣、李静晖这几位。

方拥接手后，研究生一进来就被分配给导师，我一开始也并不适应，虽说有师生间面试时的相互选择，但每几届学生里，总有个别让我觉得力不从心的学生，但却没有了先前那种可以调整导师的机会。

我原以为，对那些不能举一反三的学生，任何导师大概都会无能为力。我那时在组课上常常气急败坏地咆哮说，你们都知道孔子说过有教无类，但从不提及孔子还说过不能举一反三者就不必教了。但吴茜在我这里的求学经历让我警醒。她最初在我这里，对我让她研究我一直迷恋的堀口捨己的庭园与建筑，她既有兴趣，也极认真，但每次汇报时，我总觉得她把握不住重点，高压之下，她转到方海名下，在后者宽松的育人氛围里，吴茜撰写相关巴洛克剧场的论文却相当精彩。每念及此，我对那两位转到方海名下的学生，以及临近毕业却决定退学的一位学生，总有难以抹去的内疚感。

12

三年前，我决定停止招生时，曾收到过一位考生的邮件。他责备我的自私决定，导致他这类没有名校背景的一批学生，都失去了二次深造的机会。我并不觉得我那时只有一个名额的招生，能缓解这类普遍情形，我既没回邮件，也没觉得内疚。

我这些年来最觉愧疚的学生，是北大城环学院的一位本科生。或许是听过我在北大的两门通选课，中途想来参加我的组课，我将日本茶室的八窗主题交给她研究，她断断续续地在我的组课上讲了一年左右，我和组课的学生们，从开始的严苛批评，到后来都觉得有些意思，她也渐渐来了兴趣，等她毕业那年，她提出想通过保送的方式来我这里读书。正好王昀那时与我合计，既然我俩每年都各自只有一个招生名额，不如干脆只招保送学生，既可避免出题的麻烦，也可避免学院招生简章上已删去建筑方向的招生尴尬。我对此自无不可，回头问那位学生是否具备学院保送的成绩要求，她对此很有信心，我就口头同意了保送一事。

等临近出题时，张小莉听说我们这届只想招收保送学生时，她坚决反对，说是中心这些年近乎隐形，招生是唯一能证明我们还继续存在的对外讯息，王昀执掌中心这些年的无为而治，从没违逆过张小莉的任何建议，这次也一如既往地答应张小莉我们会继续出题招生，我尽管觉得为难，但也以为张老师的建议合情合理。下次组课结束时，我约了那位女生在中心的藤架下谈话，我极为艰难地描述了中心的困境，并抱歉我不能独自招收保送生的决定，得知她已错过学院调整保送单位的时机，我当时的愧疚感，一言难尽。她尽管失落，但还是向我指导过她的研究，诚恳致谢，既无怨言，也无责备地与我道别。

撰写这篇不像是序的长序，本为避免重复我那本《砖头与石头》里更像是序的文字，但我还是忍不住复述我在《北大建筑（记）》里的最后一段文字。尼采在残篇《希腊悲剧时代的哲学》的残序里以为，人类历史上建立过的所有体系，都会被后世所驳倒坍塌，在废墟间熠熠生光的，不是那些体系的残垣断壁，而是架构体系之人的个性光芒。

就已消亡的北大建筑学研究中心而言，这些个性，不单属于创建了北大建筑体系的那些教师，也属于在中心求学过的所有学生，他们既包括像曾仁臻这种常年参加我组课的旁听生，也包括那位我本应招入北大建筑的优秀学生。我上个月还因健忘在北大迷路，但我至今还清晰地记得，几年前那位女生推门离开向我致谢时的那种落寞却不失修养的神情，也记得上个月曾仁臻带我看他在溪山庭绘制在不同角落的小画时那种既矜持又自得的神情，其清晰程度，并不亚于我对王宝珍、张翼、朴世禹先后在我组课上两眼放光且历历在目的记忆。

董豫赣

2024 年 8 月

目录

第一章 框架的窘境

1.1 框架与杆系

"建筑开始于两块砖被仔细地放在一起的那一刻。"

密斯·凡·德·罗（Mies van der Rohe）的这一广为人知的箴言，毫无疑问地将重点放置在了"仔细地"这一状态之中，以试图论述关注细节的重要性。但若重新审视这句话中的其他要素，可发现尽管密斯本人以对钢与玻璃的创造性使用而闻名于世，但砖材——或者说砌体结构——在其对建筑的认知观念中存在着极为深远的影响。

而路易斯·沙利文（Louis Sullivan）在《沙利文启蒙对话录》中的《建筑要素：客观的与主观的（1）——柱和梁》一文中对"建筑开始之处"的讨论，则清晰地表达出了对梁柱形成的框架结构的关注：

"当梁置于两根柱子上，建筑便开始存在了：不仅作为科学及实用的艺术，还作为表达的艺术；通过简单、独创地将两种元素结合在一起，建筑师以他们伟大创造性作品的原始起点开启了建筑师这一行业的原始起点。"

沙利文这一宣言的背后，实际隐藏着彼时钢框架与钢筋混凝土框架两种结构体系在飞速发展的背景。通过对柱与梁的关系进行充满感情的描述，将这种重获新生的、带有一定工业化色彩的、原本被认为是纯技术的结构体系提升到了建筑艺术的高度。而其写作的目的，是为便于在后续的讨论中可以将梁柱结构的价值与具有悠久传统的砌体结构体系相提并论——直接证据可在该文姊妹篇题目：《建筑要素：客观的与主观的（2）——拱》中得以确认。

宣言预示着一场由"现代框架结构"技术所引领的建造革命的到来。

但对技术潜力的敏锐嗅觉，并不意味着对技术所具备的空间表现潜力也同时具有深入认识。在沙利文最为著名的作品之一温赖特大楼（Wainwright Building）的设计中（图 1），尽管已具有前瞻性地充分采用钢框架结构作为结构体系，以最大限度地获得了室内空间，但从外观上来看，增设的众多壁柱，在将大开间的立面重新划分成为一系列小窗洞并隐藏起内部框架的同时，也明确地揭示着砌体结构建造逻辑所带来的强烈审美惯性——而框架结构自身的空间表现力如何解放之问题，在此阶段却并未解决。

宣言产生之后的几十年，框架结构能够解放平面、打破封闭"盒子"的潜力逐渐得到建筑界重视，并越发广泛地被应用于新设计之中；其自身主动塑造空间的作用，却似乎一直未被触及——最能说明这一现象的，是约翰·海杜克（John Hejduk）所提出的九宫格空间训练。尽管在该训练中明确地提出了需要着重考虑"框架"在空间中的限定作用，但这里所提出的"框架"仅仅是作为匀质的杆件而存在，相比其结构功能与空间塑造的功能，它们更像是一种二维的、虚拟的控制线。

梁柱及其关系中所包含的物质性，在此后的一系列空间讨论之中，始终处于缺席的状态。如果说柱在空间中的表现，因古典建筑中"柱式"的惯性而仍能被关注与讨论，梁的形态则可以说几乎从未出现在这些训练所产生的系列图解之中——至于梁柱共同形成的"框架体系"，则被彻底弱化为抽象的空间边界。

安德烈·德普拉泽斯（Andrea Deplazes）在《建构建筑手册》中，对"框架"有着如下总结：

"……杆系结构是一种由纤细的构件组成的结构，即由笔直或杆状构件交织在一起组成的一个平面或者空间的网格结构，在这种结构中承重和分隔功能是由不同的构件完成的。但是这种静态框架包含很多的'空隙'，为创造真正建筑意义上的'空间'我们还需要再迈进一步，即关闭敞开的框架或根据森佩尔的观点——给它套上'外套'。所以，建筑室内外空间的关系是通过次要构件实现的，而不是承重结构本身。与结构体系相适应的洞口都是结构洞口，它们的尺寸与框架的可分割性相匹配。"

在描述结构体系时，德普拉泽斯选择用"杆系"（filigree construction）而非"框架"（frame）这一更加针对构件形态而非组合关系的词汇，以突出其"网格"的抽象特征，并强调这一结构体系并无法形成"真正建筑意义上的空间"。无疑也说明了作者对框架体系在空间塑造上难堪重用的认识。

图 1 温赖特大楼（Wainwright Building）内部结构与外立面

1.2 框架与梁柱

回顾现代框架结构的产生与发展，可以了解这种认识产生的土壤。

现代框架结构技术的基础——钢结构与钢筋混凝土结构技术——极大程度得益于工业化的发展，而追求效率则是工业化发展的主要逻辑之一。于是，钢结构与钢筋混凝土结构两种结构体系，在诞生时便带有着高效的基因——统一的材料、标准化的规格无疑会使各构件的加工制作与安装更为方便，于是造成了梁与柱在形态和方向上几乎没有差异的结果。

而现代框架结构的蓬勃发展，则得益于框架自身存在的抽象潜力——框架体系所具备的与笛卡尔坐标系方向的吻合特征、边框的封闭性、边框内（可能）匀质的空间和各方向（几乎）无限复制拓展的能力，使其一跃成为现代建筑的宠儿。而现代建筑以来这种对形态抽象性的喜爱，无疑又进一步抹除了梁柱之间本该有的细微差异。

于是，几乎完全匀质的框架结构被频繁选择、大量涌现，却同时又因匀质而难以参与不同空间的具体塑造，甚至沦落为支撑屋顶的工具，最终被包裹于墙体之中。

然而，"框架并不是合理的结构，而只是迎合了人们意向中抽象的原型，因此它是合理的形态。"[一]

无论怎样满足抽象形式的理想框架，化为物质实体时必定仍需面对轴力、剪力、弯矩等不同力流。此时，匀质的框架构件实体虽然意味着获得了加工与安装方面的效率，却并非结构层面的效率。与建筑方面的理想形式不同，在现实的结构设计中，框架结构体系却又需要将一系列杆件根据力流区分为多层级的主次分明的构件，以便分析与计算。

回到几类关于结构体系的描述用语中可发现，"杆系结构"侧重于描述各单一构件的外观形式，"框架结构"则侧重于表达构件之间的组合关系；但这两种表述，均无法触及构件之间的差

图 2 柏林新国家美术馆转角做法，© Simon Menges

异性——词语中的表述倾向，有时会无意识地营造思维上的陷阱。为最大程度避免这种无差别的表述方式造成的认知影响，或许将用词回归到最原始的"梁柱结构"，迫使我们能更有效地对框架中梁柱在空间中起到的不同感知意义进行分析。

在建筑的历史上，柱的意义无疑是被讨论得最多的问题之一，而关于梁的意义的论述却甚罕见。梁似乎成为一种难以参与空间塑造的纯粹技术，缺失在现代主义以来众多建筑理论的建构之中。但海杜克与德普拉泽斯有意或无意的忽略，是否真的能够证明梁难于参与空间构成？

具备超尺度或具身性特征的梁，方最能体现这一寻常构件对空间感知的影响。

通过对梁的精密控制而增强空间匀质感知的代表性作品，当属密斯所作柏林新国家美术馆无疑（图 2、图 3）——该馆分为上下两层，下层为主要馆藏展示空间，其外观被设定为一个坚实的基座；而上层为特展空间，由八根钢柱将 1.8 米厚、65 米见方的巨大黑色喷漆钢屋顶直接托起，形成一个角部开放且极为纯粹的

［一］ 郭屹民，《结构诸像，技术与概念之间》，建筑技艺 2020 年第 11 期。

当代"神庙",成为 20 世纪建筑的重要标志。但为实现通用、匀质、纯粹空间的强烈愿望,其屋顶中格构梁——尤其是承担空间界面功能的下表面——之排布需尽可能均匀平直,这便对结构提出了更高的要求,即不允许常见的角梁或抹角梁等斜向构件出现。最终的代价当然十分巨大:一系列变截面的梁交织成屋顶以对抗各处所承受的重力,并最终在角部生猛地做出了 18 米的惊人出挑。从结构效率角度而言,这一设计并不巧妙,抹角梁、角梁的缺失使力流变得更为迂回;但自空间效果而言,梁架所形成的均匀网格、平直的下表面配合透明的边界及由玻璃框所引导的上下网格关系的对位,却使该展厅空间获得了最大的抽象性,使"通用空间"这一概念得到了最为彻底的诠释。

不同于密斯在柏林新国家美术馆中为实现他对"通用空间"的构想而采用的双向匀质的"密肋",斯维尔·费恩在威尼斯建筑双年展北欧馆中所采用的"密肋"则被细致拆分(图 4、图 5):白色混凝土密肋梁被按照不同方向拆分为上下两层,极大地拉大了结构高度;而其间距与截面宽度也一并减小至反常状态,从而

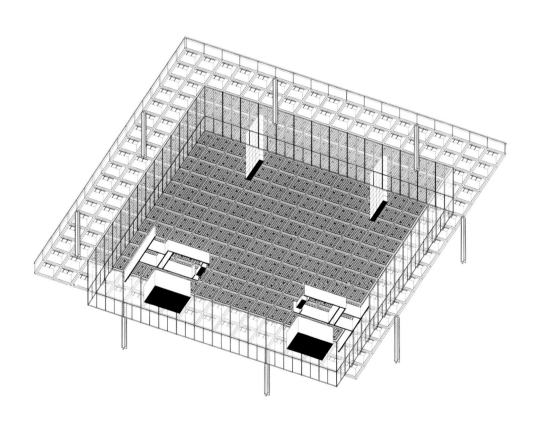

图 3 柏林新国家美术馆仰视轴测图,自绘

图 4 北欧馆外观，©Åke Elson Lindman

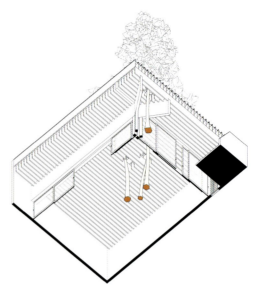

图 5 北欧馆方案仰视轴测图，自绘

产生类似"百叶"的感知与功能，以过滤威尼斯地区过强的光线，最终塑造一个无影、开敞、明亮的空间，以实现更好展示并保护展厅内雕塑与画作的目的。

　　然而，北欧馆这一空间尽管同样开敞，却难称之为匀质：负责过滤光线的双层密肋，其底皮具有一定方向性的特征，将观者视线向室外逐步引导；而在室内外边界处，视线则被极大尺度的梁压低。这一巨梁在承担重要结构作用的同时，也通过裁切视野的方式，强化着室外林木同室内保留树木之间的感知。密肋或梁在此建筑中，不再只具有单纯的结构意义，更控制着光线、引导着视线、甚至一定程度影响着行为——在费恩最初的平面图中，室内树池于入口处直接贯通室外，使得室内流线具有较强的单向性；而流线方向之变换，则同下层密肋之引导方向一致（图 6）。

　　在日本新生代建筑师中村竜治为某美术馆所做的展示空间设计中，也可以看到梁的空间潜力——建筑师在此所做的工作，是通过一件装置对空间进行再次划分。在这一名为《Beam》的设计作品里，他将梁与墙从概念上进行并置（图 7）——即当梁下降至视线高度时，可以形成与墙相近却又截然不同的空间分隔效果。从视觉角度，通过视平高度的梁围合出相应的空间领域，从而使内部展品获得独立

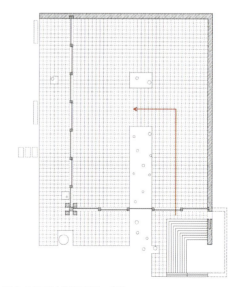

图 6 北欧馆方案平面图，自绘

性；但梁上下的空间依然通透，观众在欣赏到独立展品的同时，仍可感知展场的完整空间。而从行为角度，当观众们从一个独立区域进入另一个独立区域时，不同领域之间的差别在经历了俯身这一行为后，对上件展品的关注自然被迫移除，而新展区的独立性被进一步强化。这种进入的行为方式，又同时容易让人联想到进入日本茶室时需屈身进入"蹦口"的经历，从而获得一定程度的"日本性"。

可见，框架之中的梁之体量一旦不再匀质，或梁开始与身体、视线发生关联，其对空间塑造及文化沟通的能力便逐渐显现；而常见的单向梁、双向梁、主次梁、"井"字梁、密肋梁等不同区分结构层级的方式，必然也将带来空间表现之间的差异。

为仔细辨析"框架"的空间塑造能力，需避免对"框架"概念进行笼统的思考。而将描述转换回最为基本的"梁柱"进行理解，或许是一种有效的讨论手段；至于如何对这些细微差异进行分析与描述，则是研究梁柱的空间塑造能力时需要面对的重要问题。

最为东亚地区人们所熟知的梁柱结构，当属具有悠久历史的木结构建筑。

日本建筑师内藤广在《结构设计讲义》中，对木结构建筑材料与构造的逻辑有如下清晰的描述："木结构的特征之一，就是不能像钢铁那样在端头干净地结束。……以榫卯为基础的木造传统工法，为了尽可能避免断面缺损，在部件集中交合处都尽可能将部件在不同位置相互连接。这样做的结果，就会产生小的挠曲，这就是在结构上产生小矛盾的地方。"在传统木结构建筑中，木材自身材料属性决定了构件在交接时通常需区分主次，无论是在方向、高度还是尺度层面。根据不同的构造逻辑——穿或抬——梁柱之间的体量天然出现差异性，而"主次梁"——即梁与枋——之间亦存在明显的结构层级。这类主次区分，尽管有时会使结构略显繁复，但其蕴藏的设计潜力却不容忽视：不同方式布置的柱位、梁柱之间不同逻辑的构造方式等设计，显然会带来不同类型的空间体验；而即便有着相同平面，不同高度、尺度、方向布置的梁枋，亦会带来不同的空间效果。

所以可以设想，或许能够在学习历史上木结构建筑设计的过程中，找到关于梁柱结构空间表达的方法。

图 7 展示装置《Beam》，©yujinakamura

1.3 分割与叠割

关于传统木构架结构所带来的空间特征及其与西方建筑之间差异的比较，邻国建筑师筱原一男曾做过较为具有影响力的探索。

在对日本与西欧建筑进行仔细比较之后，筱原指出"如果将欧洲现代主义的'玻璃盒子'看成空间的话，对于以桂离宫为代表的，以纤细的木梁柱建造，向庭院开敞的'开放空间'是不能使用同一种空间语言的⋯⋯只有明确了日本的开放性和玻璃盒子的透明性之间的差异，日本传统的本质才会显现出来"。而后，筱原对日本居住建筑（住宅样式）演变过程中所体现出的特别的空间"样式"进行了抽象，并提出"分割"与"连结"这样一组相对的空间构成方法的概念。

在筱原的理解中，西欧的贵族住宅有着功能空间相互连结、最终形成整体的平面构成特点，而日本住宅则是先有未明确功能的原型空间（第一义的空间），而后对其进行不断的"分割"，最终形成平面——"与矩形两边分别平行的几根正交直线在内部划分的格子决定了平面的构成"。

而分割与连结之间的差异，可简化理解为在砌体与木构架两类结构系统形成空间时，其功能与结构之间的先后顺序问题：对砌体建筑而言，一切自平面开始。在形成真正的使用空间之前，便需安置好各处房间之功能，而后共同形成最终的体量——各空间主次、从属关系异常清晰，空间之间的等级亦随之产生；而以木构架为基础的建筑，则需先将屋架完整搭设形成空间，而后再根据需求在空间内部进行划分——此时所形成的各空间之间相对匀质，并不存在显著的等级或附属关系，从而更能体现各"空间"自身的特点。

这种对空间构成之间差异化的理解，虽并非严格的史学论述，却因其对设计操作方面所产生的潜力，在建筑界产生了极大的影响。

但需注意的是，在讨论伊始，筱原便严格地将研究范围界定在住宅建筑内，将从中国传入的佛寺建筑利落地剔除⊖，以保证"日

本传统"的纯粹性。然后，筱原以桂离宫、二条城殿舍等为代表的贵族住宅为起点，对日本传统空间的构成进行探索。

这些作为起点的寝殿造或书院造建筑的共性，除构件截面纤细具有美感之表现外，形式均为高床式建筑。如果说构件截面纤细所带来的直接影响是保证了平面构成的简洁，那么高床式建筑结构的设计模式则更进一步强调了这种平面构成特征——所有结构之出发点与落脚点，均在于"床"这一"地面"。

而筱原对"分割"这一构成概念的提出，追根溯源，则应来自寝殿造、书院造等高床式建筑中一种名为"叠割"的设计方法。

大致在 15 世纪前后，日本寝殿造中出现了"叠敷"的地面做法⊖，即将席子（榻榻米、叠）满铺于高床式建筑室内地面，以便于人们活动。而不同于砖石等地面块材在边角部位的加工优势，这些席子在编织完成并锁边后，通常难以再次裁切加工。人们于是不得不面对在划分平面时，相对灵活的柱位与较为标准化的席子在相互匹配的过程中何者处于优先级的问题。

问题并非只有一个答案。

在日本明历年大火后的江户重建中，将席子尺寸的整数倍直接作为轴线尺寸以将柱中定位，可以大大简化前期木材下料时的计算过程，从而达到快速完成大规模建造的目的——这种方法被称为"柱割"。但其弊端也相对明显：在席子满铺房间时，为避免柱、地栿等构件，边界处的众多席子尺寸均需做出调整，席子的规格难以统一、制作周期被延长，其本具有的灵活性也随之大打折扣。

另一种解决思路则被广泛应用于贵族住宅之中：根据不同房间规模对平面进行初步划分，而后优先将席子完整排布，在保证各房间内部边界后最终确定柱位——这种方法即被称为"叠割"。叠割的优势在于，其完全以内部空间的完整性作为出发点，同时可以最大限度地保证席子自身的灵活——不同房间的席子规格完全一致，更易于维护与替换，空间等级需依靠地面或叠席之高度，或是单独设置的"床之间"之位置进行确认，各空间自身却在一定程度上获得了匀质性（图 8）。

⊖ 《建筑：筱原一男》中述："如果去除从中国直接输入的佛教寺院之类的样式，那么日本传统特质的代表就是住宅样式了。作为其中的构成方法，日本的极简主义尤为突出⋯⋯"。

⊖ 一般认为最早的叠敷做法出现于日本京都府京都市慈照寺东求堂。

所以相较于柱割的方法，叠割通过对 1:2 的席平面进行简单几何组织所形成的、不包含柱宽的室内空间，既符合现代主义建筑以来所重视的模数化理念，又可兼具西方古典建筑以来去除墙厚的理想平面比例关系的诸多特征；而最终所形成的"与矩形两边分别平行的几根正交直线在内部划分的格子"状的平面，又具有着极为简洁抽象的平面构成特点。

于是，在叠割这一方法被筱原一男抽象为"分割"的概念后，这种空间构成方法一方面极易被西方建筑师所接受，而另一方面，又可最大程度体现日本高床式建筑与欧洲建筑之间在底层逻辑方面的不同。

然而这种被认为能够代表日本建筑性格的"分割"的操作，尽管看似有障子或地袱等构件介入，却并不能直接等同于木框架建筑之空间构成方式。

在筱原一男的论述中，"空间的分割是柱与柱之间的手法"——而梁在整个分割过程中的作用则微乎其微。究其原因，"叠割"操作之关注点便始终在于地面，其潜在影响显然无法消除：在桔木等"结构转换层"的作用下，寝殿造、书院造等高床式建筑之屋架，通常以"小屋组"的形式存在，部分情况下屋架结构甚至不必与柱子对位，更遑论参与空间表现——现存众多日本贵族住宅中"彻上明"之空间极少，便是例证。而筱原一男在讨论"空间"时，亦始终将关注点放在"平面构成"甚至"平面"之中，"梁"对空间感知的影响难以有效介入。至于民家"土间"中的梁或柱，虽极具视觉上的表现性，其表现重点却始终在材料自身的尺度或质地，对空间之构成亦鲜有帮助。

梁架对空间之意义，当难自日本住宅建筑中觅得。

将视线转投向被筱原一男所坚定排除的佛寺建筑，或是对日本佛寺建筑影响颇深的中国建筑，也许能够挖掘到传统木结构中梁柱所承担的空间意义。

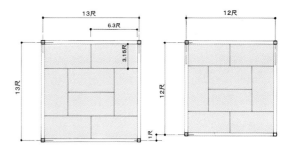

图 8 叠割与柱割差异（左：叠割；右：柱割），自绘

第二章 大木的逻辑

2.1 间面与间架

谈论传统大木中的结构与空间前，需首先进一步区分中日传统建筑语境下关于"间"的细微差别，以及日本佛寺建筑与中国传统大木建筑之间的差异。

"空间"一词，并非中国本土的固有词汇——在"时间"与"空间"两种概念由西方首先传入日本后，日本学者在翻译时已有"间"的概念前分别加上"时"与"空"，便形成了如今所通行的"时间""空间"两个词汇。这种通过"间"来观察事物、阐释场所的方法，与日本神道教所秉持的时空观密切相关。

按照矶崎新等学者的论述，神道教文化中坚信柱与柱之间的空隙处存在着神明，而"间"的最初空间形态正是源自于一种古老的临时性祭坛：神篱（Himorogi）。在地面设四柱并将四柱用绳联系从而标记出一块方形场所后，于此区域中心树立一根供神栖息的中柱：依代柱（Yorishiro），一处神篱便建造完成——从伊势神宫到日本众多的三重塔、五重塔的建造模式来看，神篱的影响极为深远；四柱所形成之"间"，配合墙体、障子等围护结构而产生天然的自明性，同时也随着日本建筑师影响力的日益扩大而广为人知○，很多研究中开始默认"间"之所指即四柱限定之范围。

追溯"间"字本意，中日均有空隙、隔离等内涵。但从对两国传统建筑之记录分析可知，因早期日本建筑进深规格较为单一，"四柱"为一间几乎是常态，此类描述还较为可靠。但若将此理解直接移植到中国，却有着"水土不服"的风险：在中国传统建筑中，仅通过"明间""次间"等词，即便能够定位所描述之位置，却无法准确判断空间之深度及规模；更何况在辽金之际，减柱、移柱等做法不断出现后，不规则的柱网更使"四柱内为一间"的判断无法成立——"间"字更多仍仅用于描述面阔方向的规模。

这一差异的产生，当归因于两国早期建筑之影响。

翻阅对奈良时代日本建筑的描述可发现，与后世"梁行若干

○ 1978 年矶崎新在巴黎策划"日本的时空间——'间'"展后，"间"的概念被西方广泛接受。

间、桁行若干间"的记录方法不同，彼时对建筑规模的描述通常是更为简化的"若干间、若干面"，即面阔几间、周围几道檐口——而这种被称为"间面记法"的表述方式，其之所以成立的根本原因在于当时建筑物的进深只有一种规格，即"两间"。即便平面上进深较大的建筑，其主屋也仍为两间，仅周围多一圈披檐罢了。按照建筑史家太田博太郎的说法，"日本古建筑缺乏进深的观念"。

空间深度的单一，使日本建筑在描述上无需对进深进行过多解释，亦无须过多关注梁架自身的特征，同时更使人们在设计时对"立面"等界面之构成予以更多的关照。

"禅宗样"等宗教建筑中的尺度控制模式，便充分证明了这一点：在号称来自中国的"禅宗样"建筑中，高峻的屋面主要依赖天花以上并不参与表现的梁桁与小屋组等构架所构成，而与中国早期建筑相似甚至更为夸张的深远屋檐，则依托"化妆椽"之上的桔木加以实现，其斗栱之结构意义远不如中国唐宋之际各殿堂建筑显著。而若将视角聚焦于日本宗教建筑各构件尺度控制的方法，则能够看到其与日本住宅建筑及中国宗教建筑在尺度控制逻辑及关注点上的差异。

如果说在通过"叠割"的方法所控制的日本传统住宅之中，人们的关注点会更加聚焦于地面，那么在日本宗教建筑中，其尺度控制方法体现了设计重点通常被放置于对"立面"的感知之中。

在桔木出色地承担了屋檐下挑的结构功能后，成为装饰构件的椽在排列上获得了极大的自由——尤其是翼角处，不再需要辐射状布置、亦不再需要衬头木找平角梁上皮的椽，纯粹悬挂于桔木下方，变为"化妆椽"。为便于与周围板相接，其截面变回方形截面，排布方式亦重新归于平行。而为使立面上尤为突出之檐口获得更为严整的韵律感，一种名为"枝割"的尺度控制方法开始出现。"枝"即指椽。所谓"枝割"的方法，是指在椽均匀排布后，通过椽径（宽）＋椽当（椽间距）作为基本尺度模数，反过来再对柱间距乃至斗栱尺寸进行调整的尺度控制方式。最为广泛运用的，是名为"六枝挂"的做法（图 1）——斗栱水平长度为六椽径与五椽当总宽。

这种尺度控制方式，使立面上各构件的对位关系更为清晰，

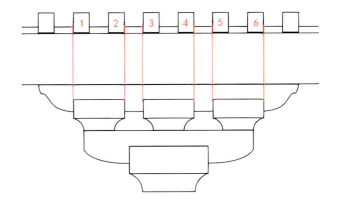

图 1　"六枝挂"比例关系示意图，自绘

但从剖面角度来看，其对斗栱高度、室内梁架等构件的尺度则并不形成直接约束——可以认为，通过"枝割"所控制的禅宗样建筑，比起对室内空间的关注，其结构更倾向于将立面进行完美呈现。

可以认为，佛寺建筑中枝割的广泛应用、书院造与寝殿造中各界面扁平化、分离化的审美趋向、太田博太郎所总结出的"绘画性"特征以及筱原一男所用的"正面性"的表述，应均出于此种"无进深"的空间观念之影响。而这些平面化、罗列化的特征，使日本建筑总体而言呈现出极强的静态特征。

将视线拉回古代中国，与日本所用"间面记法"相对应的，是被后世学者称为"间架表记"的表述方式：

在日本传统"间面记法"之中，以"间"描述建筑之面阔规模，以"面"表达屋顶形式。这种规模表记方式更多是通过对建筑外观的描述来确定建筑之尺度，室内之功能空间情况因较单一而极大程度被忽略。在"间架表记"的叙述逻辑下，"间"仍用来描述建筑面阔规模，而"架"——无论是早期的步架、椽架还是清代通行的檩架——则用来以剖面之形式准确描述进深尺度，表记方式的总体关注点更多落于建筑物之内部，"室内空间"与"间架结构"之间得以形成天然的联系。此时室内所承载之功能尽管可能单一，但所获得空间却将因框架结构之深度与高度之变化而具有极强的丰富性；而"步架"之"步"，与描述建筑群组、院落时所用之"进"，则在作为量词对规模进行准确表记的同时，也暗暗将使用者在内部之运动状态带入到所描述场景之中。

在框架形成之后，对传统围护结构的命名区别，同样可在某种程度上体现中日建筑中关于"外观"与"结构"何者处于优先级的差异：按照日本"明障子""奥障子"之称谓，其所描述的是"障子"这一构件本体，指向的是对视线与光线之屏障，空间与观者始终处于静态；而《营造法式》中对各围护结构则多以"隔截""截间"命名，更突出"截"之过程，及其对事先存在的结构与空间之回应，也从侧面证明了"间架"在中国古代建筑中的重要位置。

我们或许可以认为，对静止与运动之间关注点的差异，是中日传统建筑设计意匠之间的隐藏区别。同时，这种"运动"与筱原一男所称欧洲建筑之"动态"也并不相同——欧洲建筑的动态，体现于建造过程中对功能组织的先后顺序与空间等级关系；而中国传统建筑所体现之"运动"，更针对单一功能空间内对使用者行为活动的规划。

而这种对"空间深度"的需求，以及对其中包含着的"运动"的理解，使中国传统建筑在营造过程中对室内空间及使用方式的关注远多于界面之构成；而实现"空间深度"的物质基础，便是被从欧洲到日本的众多现代主义建筑师所忽视的梁——即便是"减柱造""移柱造"等名称上指向柱的结构样式，其实现方式也是通过针对梁枋的精确操作，梁在空间中所承担的意义显露无遗。

对中国传统大木结构之类型与所产生之效果进行分析，当正是重新理解梁柱结构及其空间设计的一把钥匙。

2.2 类型与愿望

按照最常见的分类方法，古代建筑通常被描述为"穿斗式""抬梁式""井干式"等结构形式，部分地区甚至更进一步区分出了介于抬梁与穿斗之间的"插梁式"做法。

然而，抬梁、穿斗、插梁等概念，其定义中更关注节点与实体，即主要用于描述单缝屋架内各构件的关系，而对由构件组成的不同基本构成单元（如各缝屋架）之间的关系之差异难以进一步讨论，更难以用于讨论不同构架所形成空间感知的微差——为更好地对传统大木建筑中的结构形式与空间特征关系进行展开论述，应首先明确大木建筑的整体结构逻辑。

按照张十庆先生对中国传统木结构建构逻辑的简洁分类，其一为层叠式逻辑，即横向的分层叠加式组成结构，其木构原型为井干式结构——无柱，以积木层叠而成，以叠枋为壁。以此思维为发展线索，井干结构逐步演化成铺作层，产生了后世之殿堂建筑；其二为连架式逻辑，即纵向的分架相连组成结构构架，其原型为穿斗架，架中全部直接以柱承重，无梁，穿枋仅担拉结功能。以此思维为发展线索，为解决跨度问题，逐渐走向厅堂式建筑。厅堂式建筑与殿堂式建筑可视为连架型结构与层叠型结构之次生形式[○]，而抬梁（及插梁）式建筑则应被视为厅堂与殿堂之再衍生。本书将以对不同需求而导致的不同结构操作进行考察，从而发现结构逻辑的选择对空间的影响。

此外，若对连架式样建筑按照结构逻辑的主次方向进行进一步区分，还可分为横架型建筑与纵架型建筑：横架型建筑为内外柱间架梁承檩以承屋面，并使柱列间阑额、柱头枋等主要起联系构件作用。而纵架型建筑则在面阔方向柱列上架槫梁做主要承重构架，进深方向构件则起拉结作用。

以上分类方法仅是为进一步分析演绎所用的归纳手段，不同结构逻辑的选择并不能直接代表不同个体建筑在设计质量层面的差别。欲对设计之质量予以评判，当自各类结构逻辑所产生的基本结构形式出发，比较不同个案中为表达清晰的设计愿望而做出的明确结构变化：对于考古学抑或建筑史研究而言，结构技术的发展程度、不同类型的合理性、细部装饰纹样及源流、建造年代及修缮次数均可能作为重要的价值判断标准；但对于设计者来讲，学习如何判断一座古建筑的设计好坏或许更为重要。既然建筑是主要解决生活上的各种实际问题，我们就可以在明确问题之后将解决该问题的完善程度作为设计质量的判断依据。人们对于建筑的需求与对于空间的愿望通常是建筑设计之初首要明确的问题，而后带来的结构上的变化则是建筑对于空间愿望的解决方式。

为方便理解古建筑中的结构设计变动原则，应首先对结构变动之前的"标准形式"进行确定。而由于结构逻辑与空间特征存在明显差异，后文将按照层叠型建筑与连架型建筑两类结构形式分类进行讨论：对于层叠型建筑，以《营造法式》所绘地盘分槽类型并满柱落地为标准形式，考察在不同建筑中对于空间需求与结构变动之关系；连架型建筑自身屋架形式颇多，但因构造之合理性所限横架数量远远大于纵架，故将纵架直接作为考察对象。而在横架型建筑中则不设标准结构原型，考察重点放在同一建筑中为何在不同空间使用不同屋架，即屋架形式在该空间中的选择标准。

对即存建筑物中设计愿望的梳理与确认，则是一件稍显困难的事：尽管在每个具体案例中，大木建筑的结构关系已经作为静止结果而与空间互相融合，但为了有效呈现大木建筑设计时结构与空间相互影响的过程，本书对各具体案例采用了"空间-结构-空间-结构-空间"这类来回反复的分析方式，从而判断出"原始"的设计意图。需承认，其中既有来自文献的原始资料归纳，也有作者的假设与推断。但分析的最终目的并不在于对愿望真实性的阐释，而是讲述传统大木建筑中一种可能存在的设计方式。"结构异变"这一现象，在此不仅作为所研究案例的重要特征，同时也是解读该案例的线索，并以此展示出大木建筑中对于空间与结构相互协调的设计过程。

○　相关详细论述可见张十庆《从建构思维看古代建筑结构的类型与演化》。

2.3 范围与顺序

后文研究中所选的考察案例，将不局限于现存的在结构设计层面具有代表性的大木建筑，也会包含明显有结构变化特征的陶屋明器、石窟浮雕或壁画。

其中，明器、浮雕及壁画尽管无法完全等同于古代建筑，但因现存隋以前建筑除台基及石阙外，木构部分均不存，而这些通过再加工的建筑形象可生动描绘当时建筑的特点，且有大量其他因素如配文及图像可呈现出使用状态，故而可以当作隋以前建筑的替代物进行研究；而且在结合文献推断木构部分结构时也存在设计过程，这部分设计过程对本论文的写作目的也有直接的指向性。

现存木构部分案例的选取，在地域上不设界限，包含中国南北方甚至少量位于日本的在大木结构上有特殊性的案例——以与中国建筑逻辑更为接近的大佛样及部分简单主梁作建筑为主，在涉及书院造等更具日本色彩之建筑时，则将视角聚焦于其梁架之特殊操作——从而探索在空间提出明确问题后大木结构设计的方式；时间范围也并未设限制，从结果上看，主要集中在中国宋辽金至明这一时期，因这期间属于木构体系成熟后的变形期，建筑面临的问题比较直接，减柱、移柱等技术手段与解决方式不尽相同但具有探索性，在结构与空间匹配层面存在大量可研究的信息；在建筑类型的选择上，则以各地宗教建筑为主——尽管古代佛教寺庙改为道教宫观而更换像设、重塑像设或庙宇重建而像设不变等情况时常发生，给人一种中国建筑与像设关系并不紧密的假象，但宗教建筑毕竟面临的空间问题更为直接纯粹，更易于抽丝剥茧看到建筑设计时对于结构及空间的考虑，而在研究中也确实令人惊喜地发现很多将像设与建筑结构整体考虑而明确区分使用空间和展示空间的案例。

后文重点将分析传统大木建筑中结构变化对空间的影响。为突出这一目标，故在明器及其他建筑替代物部分，需对照考古报告、照片及后世一些经典做法，根据其形式进行简单的推测性复原设计；现存古建筑部分，因平面图、剖面图等测绘图样无法直观描述各个维度构件之间的交接关系与受力情况，所以研究过程中除需查阅文献比对图样及照片之外，亦根据需求绘制了不同角度轴测图，并通过颜色区分结构变异之处，以使读者能够更加直观地对屋架中各个维度构件的交接关系进行认识，也方便对结构进行进一步的分析。此外，亦对部分建筑进行了实地考察，以便能够更加准确地进行空间感知与设计意图层面的讨论。

本书行文顺序将以进深、面阔、转角的写作顺序对结构中的变动进行梳理，并同时回应在中国传统大木建筑中人的"运动"问题。顺序的确立逻辑如下：

第一，对传统大木建筑结构——尤其厅堂建筑而言，横架体系占有最为主要的比例，所以在每一缝屋架内部做出结构在进深方向的调整是对空间需求最为直接的回应，故将进深方面之变动置于第一部分进行分析，并体现"间架表记"中对"架"的关注。

第二，由于面阔方向通常为传统大木建筑的主要面向，此方向的结构变化后更易于获得一定的表现性，且枋更多作为联系构件，其位置与构造自由度高，可在空间确定后根据视线的需求再做决定，以强化所希望获得的空间，故将其放在第二部分予以讨论。

第三，转角上的结构变化最为复杂也最为隐蔽，通常调研报告中的剖面图也无法清楚表示这部分变化，但一旦出现则通常指向一个十分明确的空间意图，出现精彩的空间设计，故而将此部分放在进深与面阔变化之后予以说明。

因结构在不同维度上的变化用以匹配不同的功能需要或空间愿望。其中，建筑作为物体（如造像或陈设）的容器而产生一定改变属于最初级也是最直观的结构变化；为人活动做出的结构变动，则相对复杂；而基于这两者之上的，是为表现室内或室外某事物，为照顾人的视线而调整的结构——这种结构的变化最为细微，也最接近建筑中设计的部分。所以，每种结构变化在其初始空间愿望层面将均按照这三方面进行讨论。

从设计视角引入空间与结构关系的讨论方式去看待传统建筑，是对于传统建筑中有潜力的空间或结构的理解、分解与再创造之过程的开始。这刺激着我们明确建筑设计中的一些恒久不变的基本问题，重新思索面对同样的建筑问题过去有哪些解决方式、为什么有这些解决方式，并引导着我们思索今后可能会出现哪些方式。正如梁思成在《为什么研究中国建筑》中所言：

"研究实物的主要目的则是分析及比较冷静的探讨其工程艺术的价值，与历代作风手法的演变。知己知彼，温故知新，已有科学技术的建筑师增加了本国的学识及趣味，他们的创造力量自然会在不自觉中雄厚起来。"

第三章 进深的变动

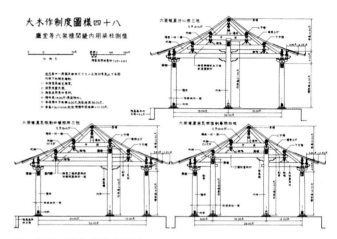

图 1 传统大木建筑典型屋架形式

在传统大木建筑中，受屋顶坡向所致的侧推力影响，相比于纵架，横架的受力整体性要优良许多。而在数量处于绝对优势的横架型建筑中，作为单元存在的每一缝屋架与空间直接相关——在椽数不变的情况下，而这种由屋架变化带来的相关性导致的是对空间中不同领域进深大小的再分配。回顾古代文献，在《营造法式》中，对相同椽数的不同屋架的归纳整理及侧样图例似乎很明显地指出结构的灵活性与多样性（图 1）。然而，作为一部主要为节省造价而编写的技术性书籍，法式中并不必指出何种侧样应匹配怎样的空间。本章将通过九个例子讨论古代大木结构中如何用不同结构形式分别匹配不同进深需求。

3.1 进深与像设

郑州市管城区二里岗小砖墓出土的红陶仓房（图 2），面阔两间、进深一间、盝顶。为防蛇虫，仓房地面抬高，而正面和两侧各设有平座；正面栏杆中部立前檐中柱，柱身呈方形，柱头置一斗三升斗栱；四角各立一方形角柱，柱头坐栌斗。斗栱、栌斗上方与屋顶交接处有一方形体量，一说为大挑檐枋，但根据其功能、坡度、比例与所处位置，对照多数现存古仓并参考张十庆先生关于后世殿堂铺作层的分析，笔者更倾向于将其认为是井干结构。尽管通过前廊、前檐中柱及唯一一组斗栱可以判断，此处做法是为强调仓房在明器中的正面性，但在明器立面背后原始建筑中的结构逻辑与空间愿望，则主要是通过对结构进深的改变来达到扩大容积的目的——尽管仓房尺度很小，形象为一层，可实际可能有两层的存储空间——下部为土木混承结构的仓房主体，上部转换为井干式结构作为阁层，从而得到两方面好处——构造层面，出挑以遮蔽下方平座廊道，既遮蔽身体，又保护土墙，且使下方土承重结构部分与屋顶木屋架出现转换层；更主要的是通过平座

图 2 郑州市管城区二里岗小砖墓出土的红陶仓房及结构推测

层出挑与一层檐柱同上部井干协同作用而形成的进深扩大，为储藏粮食提供了通风且容积更大的空间。

如果说明器中的仓楼建筑对于容积的需求导致结构变化不具有明显的针对性，那么可以看一下位于河南省郑州市登封市少林寺的初祖庵（图 3）。此殿方三间，前、后金柱各两根，且后柱与山面柱不对位，向后移动半架左右，十六根柱等高且均为石柱。殿内采用彻上明造，故而结构可直观地视为铺作层木构架与石柱两部分。虽然有的柱子不在椽架投影下方，三椽栿却仍然延伸到了下平槫中线下，从而省去后檐剳牵。而后补乳栿长度仅有一架半，所以使得此六架椽屋木构架形成前后乳栿对三椽栿的特殊形制。值得注意的是殿内由于后金柱与山面金柱不对位，故山面后乳栿无法与内金柱联系，为保证各处结构强度相近，此处采用弯材使之与上平槫中线下方驼峰相连，驼峰上下为双重三椽栿，三椽栿前段则与前内柱的铺作上按平坐插柱造的方法所立上层木柱相连。

这其中暴露出的所有木构架的复杂性完全来源于佛像大小对于空间进深的需求——若为规整的三间殿堂，由于此殿仅六架进深，故而佛像及其须弥座将占满中心一间、甚至可能与各柱相撞，这无论对于佛像的表现还是须弥座构造的处理都是极为不利的。而前檐参拜空间无法压缩，所以选择改变相对利用率极低的后檐空间，从而出现了后金柱后移、梁架不得不改变的情况，此外却并未对如何表现佛像做出任何特殊操作。由此我们可以判断，在此建筑中，佛像的完整与所处空间适宜性的优先级大于梁架施工复杂程度，结构本身针对进深的再设计仅仅是为了更好地容纳其中的主要物体。

由于内容物导致结构进深的变化在四川省绵阳市平武县的报恩寺华严藏殿中也十分明显（图 4）。通常，重檐建筑中上层檐四角柱应当落地，以保证结构的稳定性，然而在此建筑中，结构出现了几重变化。首先由于用于固定转轮藏转轴的木方仅需承自重，故而其尺度不必也不宜过大，这就限制了木方的跨度，所以，本应位于上檐四角的金柱均向明间收缩，匹配顺应面阔方向的木方，并顺势作歇山山面屋架之支撑。在此之后，更进一步的操作是将位于上层檐前檐柱变为内移，原前檐柱均变为童柱——使上

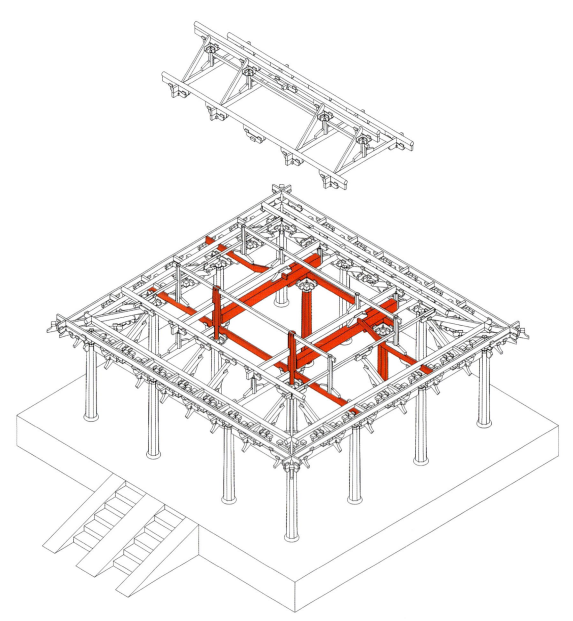

图 3 少林寺初祖庵分解轴测图，自绘

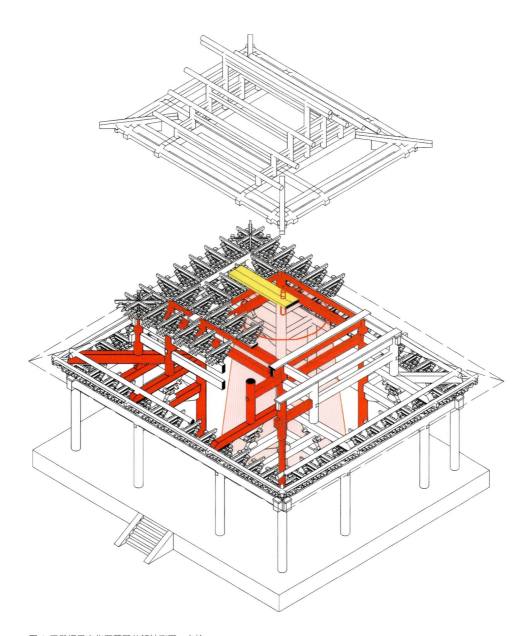

图 4 平武报恩寺华严藏殿分解轴测图，自绘

层檐铺作层呈单槽布置。这样做的好处在于，不仅在力学上一定程度地解决了大进深梁架带来的跨度问题，更重要的是四根内柱将转轮藏在平面上限定于一个专属于它的空间。在此同时，也扩大了人们用于参拜的空间，并配合上方平棊将人与转轮藏之领域做出区分，而移柱后的梁架处理——前檐在边缝处使用山面屋架驼峰处出三椽栿支撑角梁，而非在明间屋架驼峰处垂直出栿，以与后檐处角部处理在方向上拉大差异，也使建筑在内部空间上呈现出方向性。

3.2 进深与活动

多数时候，建筑物内并不一定要容纳过于特殊的物体，而更多是为适应人们使用。结构则作为参与空间塑造的重要组成部分，也须对不同使用方式产生一定的反应，才能使空间与功能更为匹配。

在河南省焦作市出土的四层塑马陶仓楼中，可以看到这种进深变化为适应人员活动的有趣设计（图5）。该明器第一二层为一个整体，呈长立方体形，底部有四个方柱形足，通过建筑地面两层厚墙小洞口的表现形式与比例可推测其下层为土木混承结构之粮仓，而上部由正面三根挑梁出一斗五升横栱承托大额，两山墙各出挑梁一根，其上架悬山顶三开间的主要起居空间及四层之气楼。这里，木构的出挑不仅仅在四周承担了下部二层土质部分

图 5 河南省焦作市出土的四层塑马陶仓楼

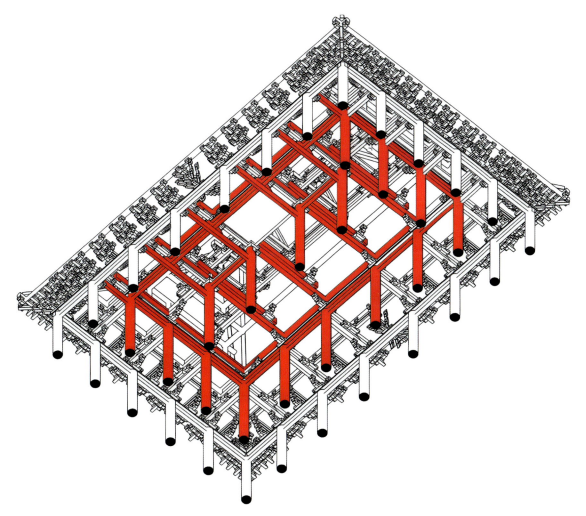

图 6 善化寺大雄宝殿仰视轴测图，自绘

的防雨功能，同时利用出挑所承托的大额除配合上层起居空间开间变化以表现其正面性之外，还重新定义了上层木结构建筑的基准面的进深，使之可以利用层叠逻辑在一个新的平面上建立房屋，扩大了空间的深度以利于人们活动。

为了扩大空间以匹配人们祭拜活动而改变结构进深，善化寺大雄宝殿算是一个典型的例子（图 6）：该殿面阔七间，进深五间十椽，单檐庑殿顶，金厢斗底槽，内部移柱造——前金柱内移一间并升高承托屋架六椽栿，而前檐乳栿变为四椽栿入柱身，但

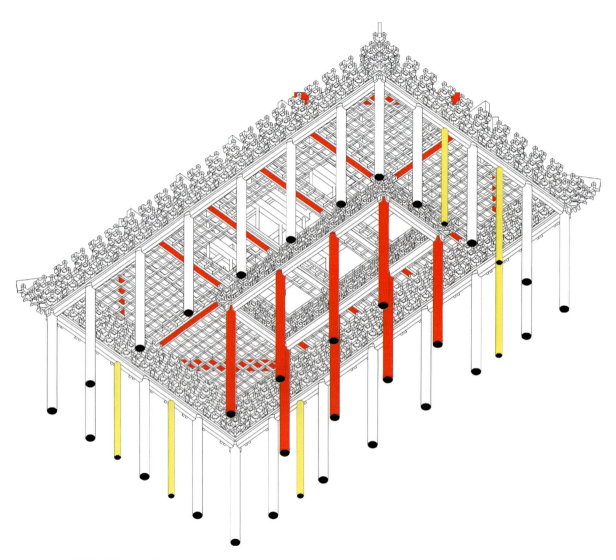

图 7 永乐宫三清殿仰视轴测图，自绘

由于其殿阁屋架自身为金厢斗底槽，柱位内移后相当于打破了原有结构带来的空间逻辑，使得祭拜空间与圣域空间无法在上空通过槽的围合而自动区分，而前檐金柱的柱列内退后由于没有上部槽的深度配合又无法形成足够强烈的空间限定，故而此处只得利用不同的藻井天花对实际空间领域进行二次限定。

面临同样的需求问题，选择不同层面的结构进行变动带来的可能是十分巨大的空间差异——在善化寺大雄宝殿与永乐宫三清殿设计的对比中可以获得明显感受。永乐宫三清殿始建于元代，是永乐宫建筑群中的主要宫殿（图7）。永乐宫三清殿面阔七间，进深四间八椽，单檐庑殿顶，其北中三间设神龛，其上供三清像设，四壁布满壁画——面临的问题与前文提到善化寺大雄宝殿比较一致。

在考虑重新分配室内空间深度时，三清殿设计者选择直接在槽的层面做出改变——尽管同样为金厢斗底槽，但两槽斗栱尺度不同（外槽斗栱尺度较大）且咬合关系较宋式建筑已大大简化，各自相对独立，故而可以对内槽进行偏移处理——其位置并非居于建筑中心，而是向后偏移至脊柱至后金柱处。这一操作带来的结果是由槽围合而成的空中的领域区分十分明显，"圣域空间"与祭拜空间互不干扰；但随之而来的问题也较为突出，即梁架需按照分心槽方式布置，且边跨同样较大导致转角处需靠辅柱加设尺度巨大的抹角梁。这些大梁将对室内空间的方向感产生极其复杂的影响，影响周遭壁画之展示，故而此殿全面采用平棊草架做法，以求壁画空间之匀质；而除圣域空间的三个藻井直接与内槽小尺度斗栱相接外，在祭拜空间的明间及次间靠近神坛处天花同样设藻井三架，以在领域层面做出区分。

3.3 进深与视线

对于部分建筑来讲，空间不应仅仅满足于容纳特殊事物或是大量人群，更应当在人和物之间的关系上提供更加有利的帮助，而视线则是这种帮助之中最为直接的目标。通过变动结构而改变空间深度，对于展示而言是十分必要的。以下部分为几个通过变动结构而改变空间深度以匹配视线的例子。

河南省南阳市淅川县出土的东汉中晚期绿釉陶制百戏楼，共四层，平面接近正方形，从下向上面积逐层减小（图8）。值得注意的是一二层的结构变化，除一层向前伸出并增加一披檐和二层斗栱及人像柱的使用以表达房屋的正面性从而吸引人们前来看戏外，二层平面尽管呈方形且屋顶为四坡，通常应按照攒尖平面中心对称布置柱位，但其实际平面柱位却更呈接近单槽形式而将空间二分，在后方空间藏化妆与演奏等辅助区域，令表演区域向

图8 淅川县出土的东汉中晚期
绿釉陶制百戏楼

前推出，以便人们得以从外部更好地欣赏表演，也使得表演空间呈现出扁平化的"绘画性"或浮雕特征。

无独有偶，不仅仅在明器或戏楼的设计里，在宗教建筑中，将高规格的建筑圣域空间的深度减小，使体积较小却十分重要的像设推出以便参拜的手段也十分常见，比较具有代表性的例子是宋代的宁波保国寺大殿（图9）。保国寺大殿宋构部分面阔三间，进深三间八架椽，且属于典型的九间堂构造——内柱四根，檐柱十二根，单檐歇山顶，厅堂构架，明间两缝主架为八架椽屋前三椽栿后乳栿用四柱形式。正如前文所说，厅堂构架并非一定要求前后对称，但在仅有三间且是具有四面坡（歇山顶）的情况下，选用前后不对称的屋架对于槫条交圈提出了较高的设计要求。进深大于面阔这种形制在佛教建筑中并不常见，或许可以作为解读木构架前后不对称设计的切入点——因殿自身形制较高但尺度却较小，其中所容纳佛像并不大，故而需要调整圣域空间的空间深度以匹配佛像尺度，前金柱内移对于人们的祭拜活动的空间大小改变并不明显，但空间深度的改变对于佛像及佛坛尺度感知的变化却起到立竿见影的效果，张十庆先生的保国寺宋构复原研究中提到原有室内外分界就在内移的金柱位置也更说明这一目的。此外，由于厅堂建筑构件的线性特征并不擅长领域的表达，为强化不同领域的空间特征，除在祭拜空间采用斗八藻井外，在四根心柱之间大量使用木方以表达殿堂建筑特征围合出领域感也是值得关注的设计手段。

在面对小型造像时，减少结构深度，将空间扁平化是凸显造像的手段，但在面对巨型造像时，观赏距离则成为设计者主要面对的问题。在隆兴寺主殿摩尼殿中，由于其内槽内容纳着极其巨大的佛像，且背后是巨大泥塑，两侧为同样高大的壁画，这就对人们观赏这些事物时需要的空间深度产生极高的要求。摩尼殿为重檐歇山顶，平面金厢斗底槽副阶周匝，面阔七间，殿身进深八架椽（图10）。为满足对造像、泥塑及壁画的观瞻距离需求，需进一步加大空间深度，这时由于其自身体量及规格已经足够巨大，再通过改变主体屋架进深就显得不甚合适——尺度过于巨大将导致空间无用与材料浪费——于是便从副阶周匝处屋架作设计突破，

将东西南北四个方向正对内槽之间以连架逻辑将屋架方向扭转继续伸出，形成称之为"抱厦"的空间。这样的动作既保证了在使用最少木料的情况下做出深度增加的空间，同时还避免了通过直接增加进深带来的檐口高度降低的问题，使四个方向的檐槫依然保证交圈，无论在空间高度还是结构稳定上都更为简捷有效。由于内槽本身呈"U"形平面，佛坛深度较大，为匹配其空间尺度，并表达大殿的正面性特征，除在抱厦屋架处将南抱厦与其他三向屋架做出了开间数量及尺度的区分外，东西两侧抱厦构造逻辑的改变（不同于南北的槫条咬合，东西两抱厦仅为附加）及副阶椽的存在也同时提示了建筑的主导方向。此外，从檐柱到内槽柱柱间枋的位置不断抬高这一动作同样值得注意，因其是保证观赏视线不受干扰的必要存在。

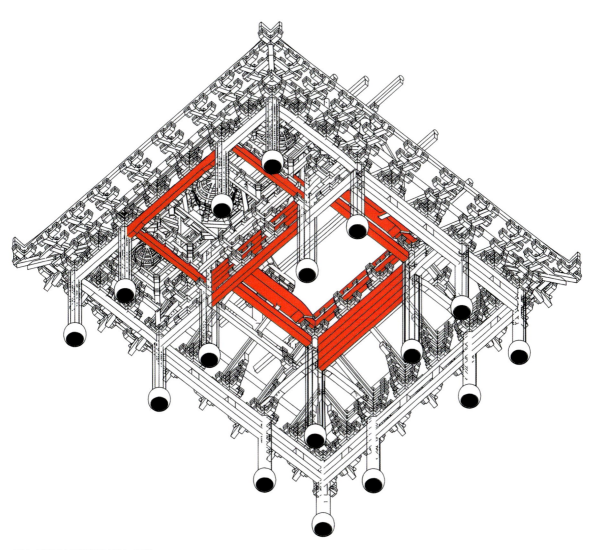

图 9 保国寺大殿仰视轴测图，自绘

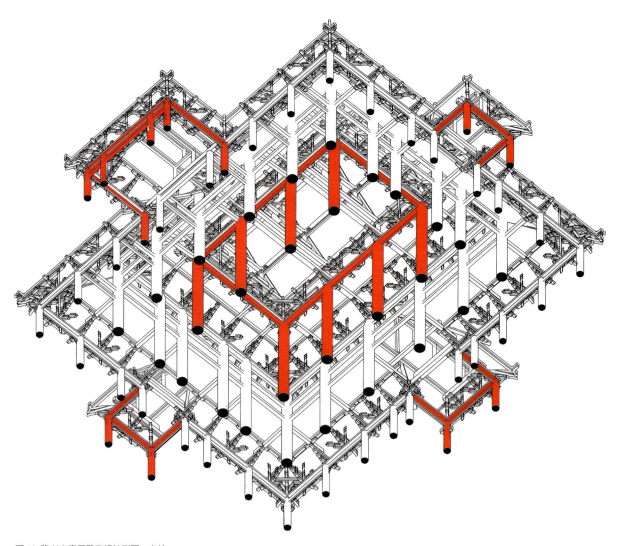

图 10 隆兴寺摩尼殿仰视轴测图，自绘

3.4 分槽与分缝

为获得某一空间的合适深度而对木构架的结构进行调整通常只发生在每扇屋架之内，即通过调整屋架柱位而重新分配不同空间的进深以匹配其功能。对于连架逻辑建筑（尤其是厅堂类型建筑）而言，由于其结构形式特征十分明确，即以每间横向间缝上的梁柱配置为主，屋架之间逐椽用槫、襻间等纵向连接成一间，所以只要屋架总架数（即进深）相同，不论梁柱做何种配置，其总能联成一间，故而各扇屋架自身具有一定独立性，所以无须考虑整体的平面图，只要按照需求直接调整屋架柱位，空间上自然形成了以柱为限定的大小再分配，而无其他方面影响。如在善化寺三圣殿中对屋架的不同选择正说明了上述现象（图11）。三圣殿在善化寺的山门与大殿之间，始建于金。其面阔五间，进深四间八椽，单檐四阿顶（庑殿顶）。殿内前金柱全部减去，后金柱则错位设置，使间架结构异化、各间屋架各不相同以匹配空间使用——明间屋架为八架椽屋六椽栿对后乳栿用三柱，两次间则使用八架椽屋五椽栿对三椽栿用三柱，使像设神坛呈放射状布置满足视觉需要并开阔了前部祭拜空间以利使用。在这种调整后，其上部屋架也并未带来过多复杂的构造操作，依然保持简洁理性，彻上明的构造自信地将各部分梁架展现，这一切得益于厅堂建筑自身的连架逻辑对于空间深度调整的适应性。

对于殿堂建筑在空间深度层面的调整则略微复杂些。由于具有"槽"深度的存在，各个空间在结构逻辑上已然产生了明确区分，仅靠在深度上调整柱位的做法即使结构过于复杂又无法直接获得完整而独立的空间领域。正如柯布西耶所言，"平面是生成元"，对于中国建筑（尤其是殿堂建筑）来说，这个作为生成元的平面更应指《营造法式》中所绘制的"殿阁地盘分槽图"这一梁架平面，而对带有柱位的地平面图要求不高。在调整空间深度时，对不同槽型结构所带来空间特征的理解也成为建筑设计是否巧妙的关键所在。除前文所提直接将内槽缩小的情况（三清殿），下文再介绍一个基于单槽空间特征而做出设计改变的精彩例子。

山西省太原市晋祠圣母殿面阔五间进深八架椽，单槽副阶周匝，乳栿对六椽栿用三柱（图12）。由于所定位使用者甚多，需要较大的祭拜空间，通常情况需要增加檐廊进深以匹配功能。但此殿之动作并非在原形制层面直接增加进深，而同样采取了对原有结构调整从而重新分配空间大小的方式进行设计——殿身前檐檐柱不落地，室内外分界内收至单槽槽下金柱位置，使前檐处由乳栿改为四椽栿，其上叠架三椽栿插入内柱以承从蜀柱传递而下的殿身檐重——而避免了殿身结构不变的情况下要么四周副阶跨度过大而浪费空间，要么单独加大前檐导致坡度不等或难以交圈的问题。从空间角度而言，圣母殿与善化寺大雄宝殿最大的不同在于，圣母殿殿身所采用的单槽形制原本便利用层叠逻辑在上方围合出了两个不同领域——祭拜空间与圣域空间，而此殿精彩之处便充分利用主殿屋顶单槽的空间特征，保持圣域空间不变的情况下利用内移的金柱与围护结构的分隔更加强化了不同领域的空间特征；同时利用连架逻辑将金柱、殿身前檐及副阶屋架连接以协同作用，整合了前槽与副阶空间以满足使用需求；更由于大进深的阴影关系使得圣母殿从外观上呈现出异常轻盈的特征，从外观上也使屋顶获得了一定的表现性。

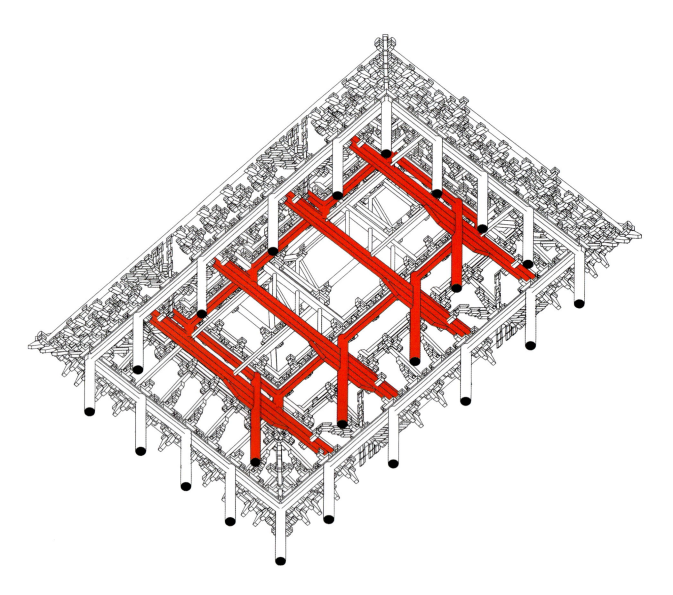

图 11 善化寺三圣殿仰视轴测图，自绘

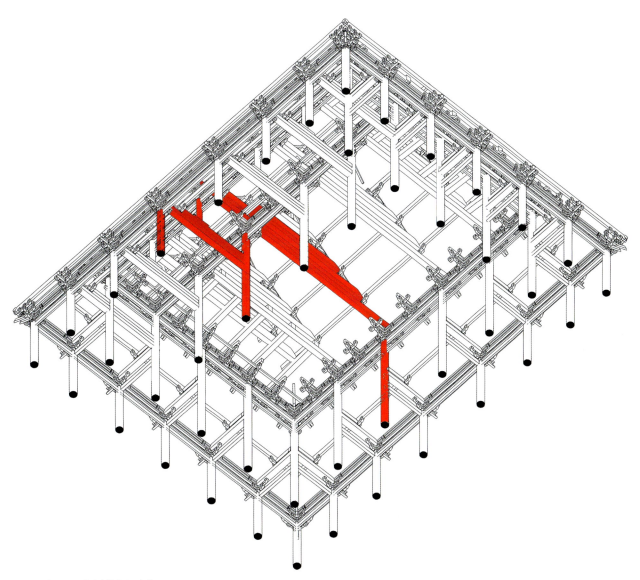

图 12 晋祠圣母殿仰视轴测图，自绘

第四章 面阔的表现

图 1 莫高窟第 323 窟北壁壁画（局部）

　　对于绝大多数大木建筑（尤其是横架型建筑）而言，斗、串、襻间、额枋等构件仅作结构层面的拉结稳固之用。然而，由于这些构件所处位置通常为正面，使其具有了更多的视觉意义——故这些构件灵活的变化使用带来的不仅仅是对于内部空间再分配的结构意义，同时也面临着作为正面同时被表现，或需要调整位置、甚至取消以防止其影响表现其他事物的设计矛盾。另一方面，对于纵架型建筑来讲，由于其面阔方向构件尺度及构造自身便极具表现力，在哪使用与如何使用便更成为设计之中需要仔细考虑的问题。图 1 为敦煌莫高窟第 323 窟北壁壁画局部，为容纳两尊金人像，图中所绘甘泉宫明间与次间尽间开间尺度的巨大差异表明当时设计中对于面阔方向的表现已十分成熟。

4.1 面阔与像设

图 2 云冈石窟第 9 窟前廊东壁的三间殿浮雕（局部）

不同于两汉时期建筑形象正立面刻画中主人形象或观者不在场造成的主人和建筑之间关系表达的缺失，南北朝时期佛教的引入带来了空间意识的变迁。作为宗教建筑的表达主题，造像成为空间中心，也使得空间在围绕造像进行设计时不同层次的出现成为可能。不过，建筑形象中这种空间进深感的表达最先出现的正是用纵架手段形成的代表建筑正立面的前景"图框"。比如，山西省大同市云冈石窟第 9 窟前廊东壁的三间殿浮雕（图 2）。为表达正中佛像的重要性，对照额枋上人字栱及一斗三升斗栱之位置可以看出柱位很明显在向两侧调整以适应佛像比例的适宜与形象的完整，此浮雕所表现之建筑结构的调整呈现出了极为明显的纵架特征。针对明间来说，屋架成为烘托佛像精美尊贵及独立性的重要图框；对于整幅浮雕画面来说，纵架大额斗栱人字栱所形成的边界加之屋顶的刻画获得了更多的宽度，与下部纹饰及两侧较宽的棱柱形象配合形成了一层界面，分离了观者与佛像，使得浅浮雕在此处也获得了一定的空间深度。

由于壁画或浮雕不必完整表达结构，以及其所具有的扁平化、正面性的特征，纵架逻辑的建筑形象得以有条件大量出现。但对真正的建筑而言，由于前文所提的侧推力及构造问题，纯粹的纵架型建筑在数量上并不占优势。仅仅针对某重要物体而获得空间宽度而言，局部纵架逻辑，甚至纯粹横架的构造便可满足需求。

始建于辽代的河北涞源的阁院寺文殊殿（图 3）可以说是为获得空间宽度而直接在横架结构中做变动的例子。该殿面阔三间，进深三间六椽，单檐歇山顶，厅堂造，彻上明。前有宽大月台作为主要的祭拜空间，而建筑整体则作为圣域空间存在。为容纳较大的佛像（现不存，但佛坛遗址仍在，占一间且前段放大）并突出其独立性，殿内明间减两柱以避让佛坛，故而屋架采用四椽栿对乳栿用三柱的形式。为保证屋顶交圈，正中一间上部依然以层叠逻辑施襻间的同时增加大量扶壁拱，使得佛坛的领域尽管没有前方柱子限定但依然能在上方被围合与提示，然而由于厅堂梁架的方向性特征以及此殿规模，这种围合与提示并不明显。

为容纳特殊物体而局部转换为纵架结构逻辑的精彩例子要数河北省石家庄市正定县隆兴寺的转轮藏殿（图 4）。转轮藏殿始

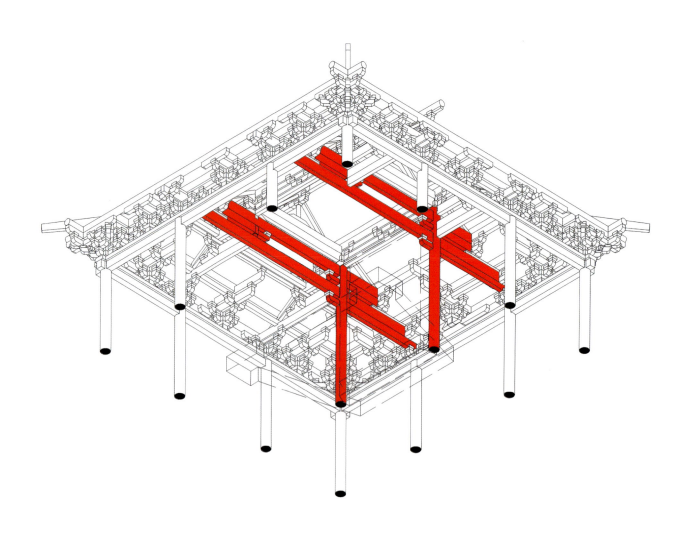

图 3 阁院寺文殊殿仰视轴测图，自绘

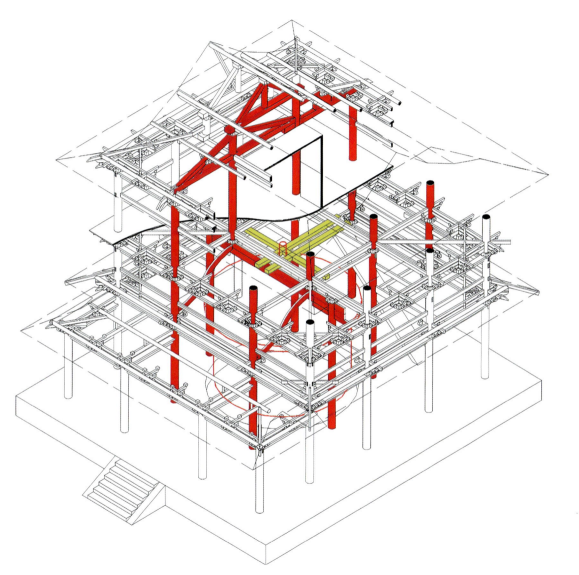

图 4 隆兴寺转轮藏殿剖切轴测图，自绘

建于北宋，殿平面三间正方形，前出雨搭，二层单檐歇山顶（清代时平座处加副阶雨搭呈重檐状）。因其一层内部要容纳一超过一间大小之转轮经藏，且转轮经藏之上轴处需用木方固定，木方尺度不宜过高，故而此处只能选择将前金柱之距离加宽，但在平面柱位移动后，梁架的投影依然需要以间为单位，以承其上层佛阁之柱。为完成这一目标，建造者选择加强了纵向构件使之变为内额，双材并用以便足以承托上层荷载。而屋身檐柱下檐斗栱迫出弯曲向上与内额衔接的弯梁，以将原柱位所受之剪力转化为侧推力，由前廊一跨共同平衡，并在该柱上加抱柱以承剳牵，以与对面慈氏阁所施永定柱呼应。为减小内额所受荷载，上层梁架同样做出了改变，采用了乳栿对四椽栿但同时用四柱并加叉手的折衷形式（通常屋架形式为乳栿对四椽栿用三柱）：前两间之中用一贯通大梁（四椽栿），上施叉手及童柱以将重量分散到两侧柱身，从而减小二层前金柱所受压力，且能保证用料更为合理，使梁栿及柱均获得更小的截面。二层佛像所占中心一间中，除顺脊串（可看作二层明间之地栿）突出于地面外，为了强调二层小佛像的重要性与神圣性，佛像周围使用了佛道帐的小木作装折将其加以强调，这也使得中间一间更为独立，使上层营造出了与一层转轮藏可带给人的相似的"房中房"的体验。可以说，整栋转轮藏殿的结构变动尽管描述起来十分复杂，但其逻辑却十分清晰有效，呈现的结果也合理而简洁，而这一切的初始空间愿望却仅仅是为容纳转轮藏这一物体。

4.2 面阔与活动

图 5 四川出土带围堰吊脚陶楼图

四川出土的东汉明器（图5）为一带围堰吊脚陶楼。其一层有围堰，堰内养鱼，台基基阶居中，四角起柱架空底层以隔绝湿气并满足人们活动，在一二层转换处设类平座的井干结构以向两侧逐渐出挑，并将二层变为双开间的建筑形式。二层设中柱以承屋顶质量并区分宾主，柱头施巨大的一斗三升斗栱及大额枋以表现房屋的正面性。从这件制作精美的明器中尽管难以进一步看到内部梁架的结构形式，但只从外部我们也依然可以看出当时的人们为了活动的便利而在面阔方向的结构层面做出的努力。

通常前文中靠分层及出挑以努力获取空间的解决方式只存在于楼阁建筑中。对于单体建筑来讲，在同一空间中调整柱位甚至取消柱子以获取更大的活动空间才是通常要面临的问题。在这一问题上，做得最为极端的当属佛光寺文殊殿（图6）。文殊殿面阔七间，进深四间八椽，单檐悬山顶。为扩大殿内空间，殿内柱子从十二根减至四根，前槽两金柱设于两次间与梢间之间，后槽两金柱则设于明间两侧。从平面图及现场佛坛大小可知，此动作并非为适应佛像尺度而作，更多是为满足人们为欣赏室内围墙之壁画在室内活动而做出的结构改变。具体实现方式是，在跨度过大之处利用纵架的方式于面阔方向施大内额及由额并用侏儒柱、和沓、叉手及绰幕将上下两层额枋相连，以期形成一个类似现代双柱式桁架的复合构架，共同抵抗14米的跨度而支撑上部屋架。尽管从结构角度看这一举动并未形成真正的桁架，并未起到设计者所预期之作用而不得不再加辅柱，加之木构体系中纵架自身的受力问题导致后世拔榫等情况出现，但此殿在空间层面的大胆探索而营造的效果实际却是成功的。

作为一种历史极为悠久的系统工程，建筑从来都是综合考虑权衡下的结果——对于一座佛殿而言，在面对不同的造像时，其设计在参拜方式、展示效果与结构布置等诸多层面都不尽相同。

图7为山西省朔州市崇福寺的弥陀殿，其殿身面阔七间，进深四间八椽，彻上明造，单檐歇山顶，建于高大的附带月台的台基上，外观十分壮丽雄伟。与佛光寺文殊殿相同的是弥陀殿内壁同样布满大量壁画，空间上需要人们来回行走观瞻，减柱手段成为此殿结构上的必要之处理；但对于殿中核心造像而言，不同于

佛光寺文殊殿的一组造像居中布置，弥陀殿佛坛上，有"西方三圣"坐像三尊，主像两侧胁侍菩萨四躯，金刚两尊。这九座塑法古朴、制作精美、大小不一的造像，并排平行布置，共同成为佛殿的中心；但在空间层面，又希望保证各个造像领域的独立性，故而此处依然选择纵架的构造逻辑，利用梁架自身的方向及高度自动分隔出每尊造像自身的领域——于是各方权衡之下的结构结果则呈现为现在这般，只将前槽处结构转变为纵架逻辑，将当心五间处四柱减为两柱并移至次间中线上，其上施与佛光寺文殊殿十分相近的由绰幕、叉手、和沓及侏儒柱连接的双额协同承担屋顶质量并联系前檐乳栿及劄牵。这里，横架的梁枋负责给不同造像划定各自的区域，而前槽改变为纵架逻辑则是为解决人们的具体使用问题，这种局部的动作在解决了实际使用问题的同时，不仅使得彻上明造中横架自动分隔限定出的造像的领域特征得以保留，对结构整体性能的损失相对佛光寺文殊殿而言也更为微小，这种结构的变化可谓恰到好处地解决问题。

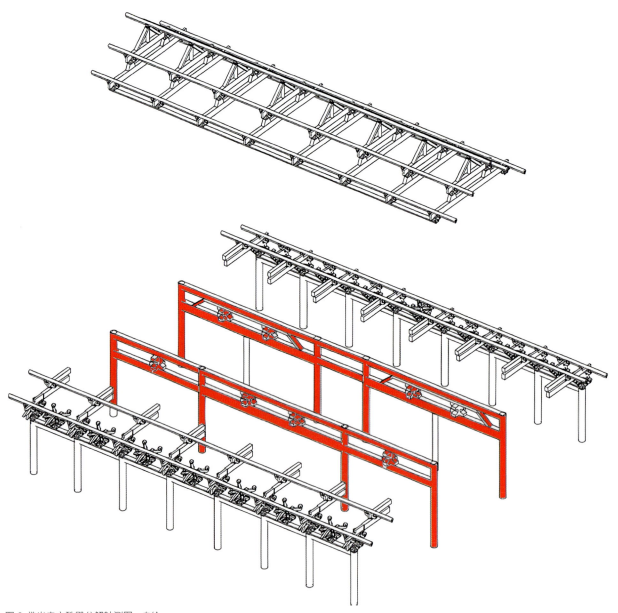

图 6 佛光寺文殊殿分解轴测图，自绘

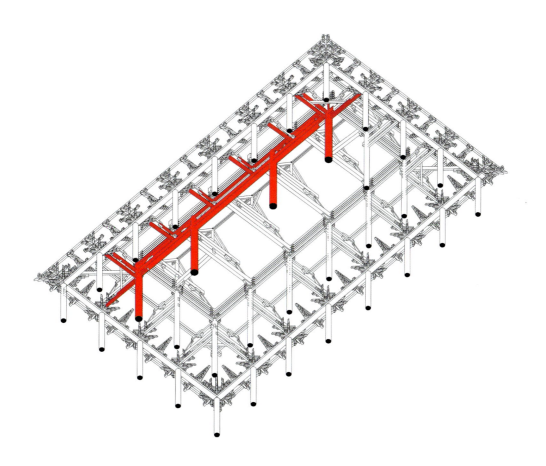

图 7 崇福寺弥陀殿仰视轴测图，自绘

4.3 面阔与视线

图 8 淮阳区出土的东汉陶院落

图 9 淮阳区出土的东汉陶院落（局部）

图 8、图 9 为河南省周口市淮阳区出土的东汉中期陶院落，由田园与院落两大部分组成，因其规模完整、布局紧凑、结构严谨、内容丰富，我们可以获知很多信息。院落为三进四合院，中院与后院部分为建筑主体，其中最主要的建筑单体为中庭台基上的二层重檐四阿顶楼阁。楼阁前为两梯道通入主楼一层，一层一侧有厕所，另一侧有偏门接往后院道路，并在一侧置楼梯以联通主楼二层与厢房各处。引人关注的是该主楼一二层的开间数量变化，通过与周围环境及附属建筑尺度比对，二层双开间中中间尺度大小为正常值，而一层则形成了一个尺度异常的空间。观察一层厅内，塑有六个乐伎陶俑，分别作吹笙、弹琴、击掌等形象，俑前置陶盘、匜、耳杯等器具，组成一个宴会场景，加之主楼正对院落之尺度与其对面倒座开窗等原因，基本可判断此厅为专门的舞台设计。通过使用大额等技术手段将一层中柱减去，使面阔方向完全打开，可以使观赏活动更为畅快，或许便是此处结构异常的原因。

如果说本章第二节处所做的室内金柱位置的结构变化之目的的分辨——到底是为了礼佛视线的通达还是活动使用之方便——还难以清晰地做出判断，那么对于前檐柱一列结构的变动则可以十分肯定地确认是为了内外关系及视觉感受而做出的动作了。淮阳陶院落的例子对于空间的描述足够充足，但对结构的表达依然不直观，下文提到的两个案例将是对立面处结构变动与视线关系的直接诠释。

据考证为元代建筑的山西省汾阳市北榆苑村的五岳庙五岳殿（图 10），坐北朝南，其前方为院子，隔着院子正对戏台。五岳殿面阔三间、进深三间四椽；室内外分界为前金柱位置，檐廊进深仅一椽距离，故而主要的祭拜空间还是在建筑外部之院落。柱网同时采用了减柱造与移柱造——室内后金柱减去以使佛像的领域不受干扰，直接用三椽栿承托屋架，彻上明；前檐柱处则运用纵架逻辑，将明间两檐柱向两侧移至补间铺作下方，使正面明间实际为两间大小，靠斗拱劄牵与其后屋身相连以保持整体性（金柱处于栌斗上再接蜀柱以同时进行横架与纵架结构之转换交接），跨度则用巨大的檐额解决。檐额长贯三间，并出柱口；檐额下绰幕方出柱长至补间，相对作三瓣头，整体与《营造法式》所描述檐额做法吻合度颇高，属于比较典型的大檐额，这也使得此殿具有十分强烈的正面性表现特征，这也与人们在外部的主要视点相吻合——两檐柱、绰幕与檐额、台基的厚度共同形成了第一层较大的画框，砖墙留出的门洞于中间形成第二层次的框，两层框嵌套最后将明间的佛像烘托而出，减小了空间深度带来的展示问题，使体量较小的佛像在立面上获得自身不断放大的区域，呈现出接近平面或浅浮雕的特征，突出了其重要性，以令院落中的人们更好地对其进行礼拜。

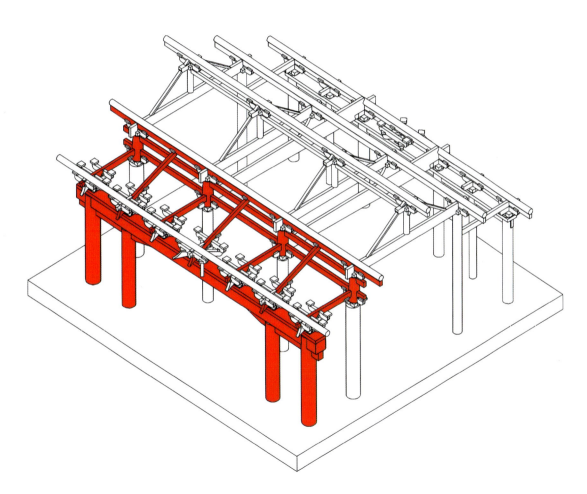

图10 五岳庙五岳殿轴测图，自绘

四川省乐山市峨眉山市飞来殿的案例对于面阔方向的表现也值得一提（图11）。飞来殿单檐歇山顶，面阔五间进深四间八椽，屋架为八架椽屋四椽栿前后乳栿用四柱，前檐设宽敞的檐廊。为凸显殿的重要性、表达其正面特征，将檐廊处作减柱造处理，由五间直接变为三间，采用厚重的大额及平板枋承托上部斗栱及屋架，檐额与柱、门洞共同形成与五岳庙五岳殿相似的两重视觉框，使人在殿前宽大月台上感知到殿内所供东岳帝像（现不存）之重

要性。不同于五岳庙五岳殿处前檐仅用斗栱将纵架与屋身相连，飞来殿与屋身相交处除乳栿及劄牵外，位于次间中心的檐柱还各设两根联系方将檐柱与金柱相连，不仅加强了屋架整体性，由于透视现象的存在更加强了视觉向中心像设的引导性。此外，与晋祠圣母殿对檐柱处理相似，为强调正面性特征而在柱上装饰泥胎盘龙，但仅设于明间两根柱，使其立面性与中心性特征更为明显。

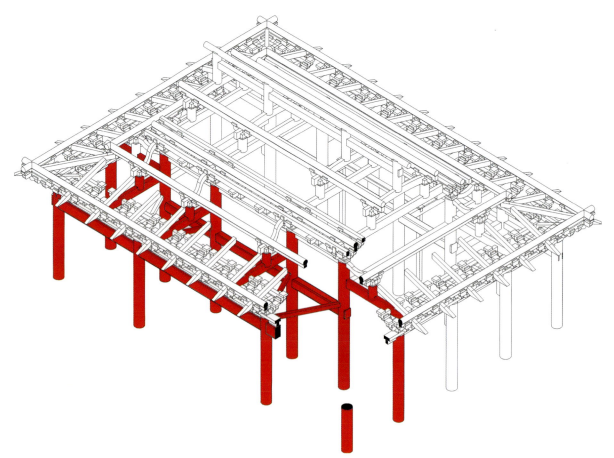

图 11 峨眉山市飞来殿剖切轴测图，自绘

4.4 横架与纵架

本章所讨论问题更多因面阔之方向围绕纵架结构而展开。在上述案例中，由于结构方向之变化导致跨度问题出现，设计师要么选择足够巨大的材来做解决跨度问题之技术手段、要么通过复杂的构造连接几层材料以获得足够的梁高。而在解决这些问题后，由于面阔方向结构构件出现了深度与装饰，其自然获得了空间领域或得到了视觉意义。

绝大部分建筑中，进深方向构件由大梁承担，靠梁自身尺度及其形状获得空间表现；而铺作层面阔方向木方或纵向构件（如襻间等），在必要之处设小斗以连接上下木方以达到跨度需求并获得装饰性。但当在建筑使用过程中，人们面向之改变也带来结构方式的变化，如广东省潮州市开元寺天王殿。

天王殿为开元寺山门（图12）。单檐歇山顶，进深四间，面阔有十一间之多。天王殿立面分为三段，正中五间为凹门廊，大门有三，居中；余两侧各三间为一厅二房式僧房。中槽面阔九间，进深二间，为殿内主要场地，因正中七间分心柱减去，故而十分开阔。明间后槽设弥勒－韦陀像，居大殿正中，而中槽两尽间处则为四天王。天王殿彻上明造，各间屋架均不同，从明间叠斗抬梁屋架至尽间穿斗屋架逐渐变异，呈现出厅堂建筑的重要特征。因弥勒－韦陀像居于明间正中，人们进入后所处为一被叠斗环绕的重要领域，体现出造像之重要；但因其功能仍为山门，故而人们进入后，需绕过该造像设方能进寺院，而此时便产生了面向之转变。这一动作带来了对梢间屋架的细微调整——尽管该屋架整个构造逻辑为穿斗架，但在其中槽位置上下两最大穿枋之间却设四小斗，使该处呈现出了类似襻间的构造特征；而在空间上，该缝屋架刚好是人们转向后所面对之处，位于天王像与观者之间，这种将屋架做成画框体现天王像重要的逻辑与面阔方向中的对于纵架构造部分的表现异曲同工。尽管此案例是对于进深方向的结构做出改变，但我们仍可以因人活动时的面向将其归于面阔操作。

纵向构件如联系方、襻间等，在面对较小尺度像设时，作为画框对领域的区分与对像设的强调有十分重要的帮助；但当面对大尺度像设时，则常常会成为需要取消的对象——由于像设足够高大，自身具有更重要的表现性，故而此时应当极力减小结构件对其展示的影响。河北省石家庄市正定县隆兴寺慈氏阁当属在为高大的造像而取消联系方上做得最为巧妙一处案例（图13），该阁位于前文所提转轮藏殿之对面，两殿外形相同而内部空间差异悬殊：由于殿内后金柱位置设一高大观音像，在观赏时前方不宜有干扰，故而殿身屋架采用减柱造，仅后金柱直通上层，而将前金柱变为蜀柱落在自殿身檐柱至后金柱之两材并用的四椽栿大梁上，并于上层同样施四椽栿以减少前金童柱之受力；同时明间屋架间的联系方仅在承托二层楼板处保留，其余则全部减去以打通在一层祭拜空间观赏观音像之视线。这一空间操作带来了极大的结构问题，联系过少使得屋架整体性不足，为解决这一问题，慈氏阁在殿身处采用了永定柱造，即与殿身外圈增加约束以达到稳定屋架之作用，墙身内永定双柱内方外圆，在外部难以察觉；而明间两殿身檐柱处将柱身处理成外方内圆，将辅柱伪装成抱框以消除其存在感，最大程度减小其在空间中对慈氏像展示的干扰。在针对像设的空间问题而对面阔方向构件的处理上，慈氏阁虽不同于常规做法，逻辑却十分清晰，且在将这些附加结构隐藏的方向上做出大量努力，其效果也十分明显——在梁思成《图像中国建筑史》中所绘慈氏阁之剖面中，疏漏了对其前檐永定柱进行绘制，可从侧面反映出其设计之成功。

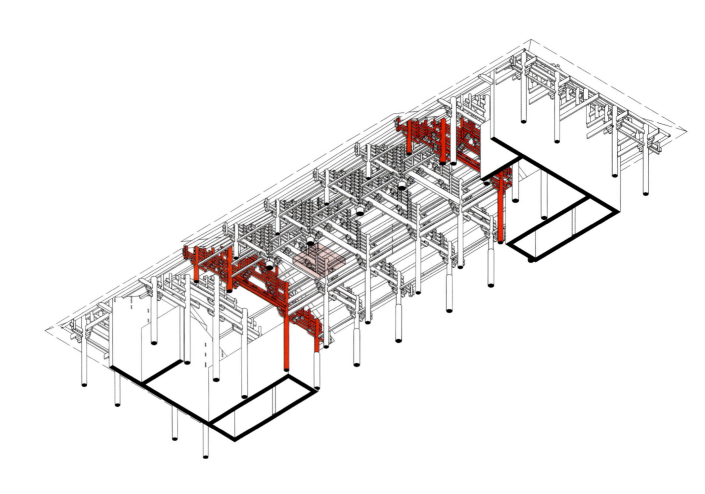

图 12 开元寺天王殿仰视轴测图，自绘

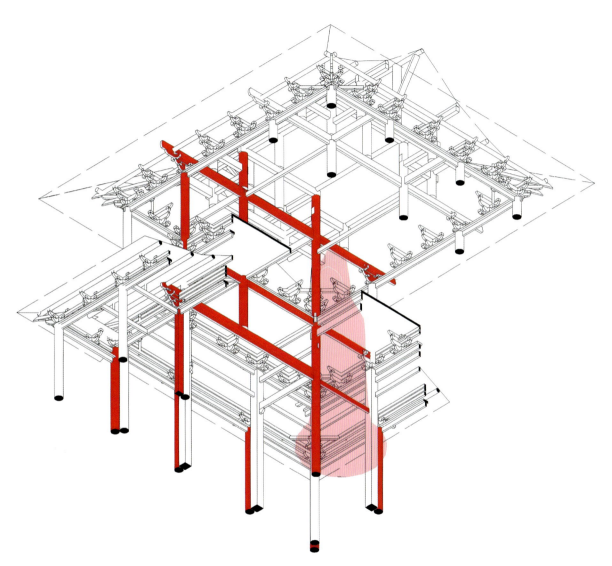

图 13 隆兴寺慈氏阁剖切仰视轴测图，自绘

第五章 转角的处理

图 1 错金银四龙四凤铜方案

一座建筑，在确立了进深与面阔两个方向之后，两个方向交接的节点——即转角——便成为接下来建造时要讨论的部分。正如"如鸟斯革，如翚斯飞"、"檐牙高啄……钩心斗角"等词所描述，转角以其突出的表现性成为传统大木建筑中给人印象最深之处，也极早被工匠所重点关照——错金银四龙四凤铜方案的结构设计便准确地体现出了这一点（图 1）。与此同时，转角所面临问题最为复杂：其跨度最大、用材尺度最大、交接节点最多、工艺最复杂，所以对于转角问题的处理成为建筑结构中最重要之处，同时不同的处理方式也对空间方向的感知产生极大影响。

5.1 转角与像设

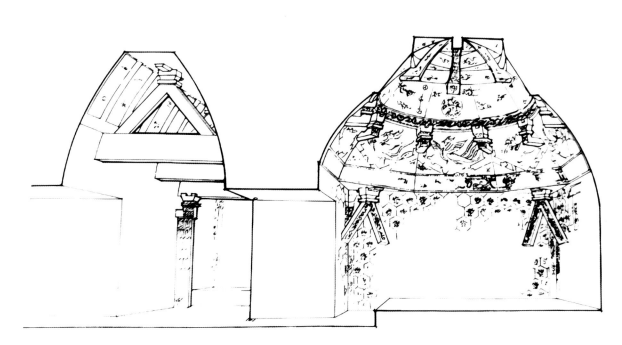

图 2 天王地神冢剖切透视图

朝鲜平安南道顺川郡的天王地神冢（图 2）建于朝鲜高句丽时代，其主墓室空间为仿木结构之砖石墓穴。或许受中国之影响，其上方为人字栱向内出华栱的斗八藻井，壁画精美、雕饰细腻；而其下方因需容纳主人石棺，故墓室平面呈正方形，这就对正方形向八边形转化时的转角处理提出了要求。为保证墓室内空间方形体量之完整与木构逻辑之清晰，其转角处并未采用砖石墓穴通常所采用的叠涩出挑的方式，而与上部藻井构造逻辑相似——于形成转角的两壁各出一个斜撑形成人字栱，上置栌斗承托转角斜梁以荷转角抹角梁。由于墓室下方布满网格状壁画，对其所仿木结构的原型无法直接观察而知，但我们不难想象若其为木结构，此处为每组角部各三柱，除角柱外其余柱出斜撑以挑上部藻井，由罘罳装饰的土质壁面围合而形成正方形空间。而斜撑的使用既解决了转角处跨度的问题，同时裸露了出其上部抹角梁与角梁所处的平面及转角壁面，形成了一个空间体量，保证了墓室空间的完整性，以便更好地容纳其中的棺椁。

平武报恩寺位于四川省绵阳市平武县，始建于明，格局坐西向东，自山门而入依次为泮池、天王殿、拜台、大雄宝殿，到万佛阁止。而在大雄宝殿与万佛阁中，有一对碑亭的构造尤为引人注目（图 3）。碑亭等级较高，其上檐为八角屋顶，但此亭并未按八柱撑角梁的常规做法设计，而是将八边形底面的水平层分为两个重叠的正方形来布置梁架。这样的好处在于，使其中一个正方形的四根梁只在端部出挑，承托其上角科斗栱与角梁，且由檐枋箍住形成交圈，而只需四柱落地以减小柱子对碑刻之影响；而后，在一层处其外再加十二根檐柱以承副阶屋架与四坡披檐，使建筑在下檐处呈现出方向性，呼应其在中轴线两侧之面向与位置，而这种做法带来的外形特点是屋顶方向的旋转，即亭上檐与下檐之脊相对而非面相

对，这令其上檐翼角得以完全展示，在视觉上所出挑更多而所获感知更为轻盈，也使双亭异于其他抹角而成的八角亭成为国内孤例。

另一个有趣的例子是位于日本奈良的大佛样代表建筑——荣山寺八角堂（图4）。八角堂位于荣山寺流线尾端，为一独立建筑，其中供奉重要佛像，为表现这种隆重，该堂屋顶采用八角攒尖样式，使此堂具有内聚性空间特征，并在外部呈现出庄重的形象。与外部八柱落地不同，内阵平面由八角所连四条辅助线确定领域，仅

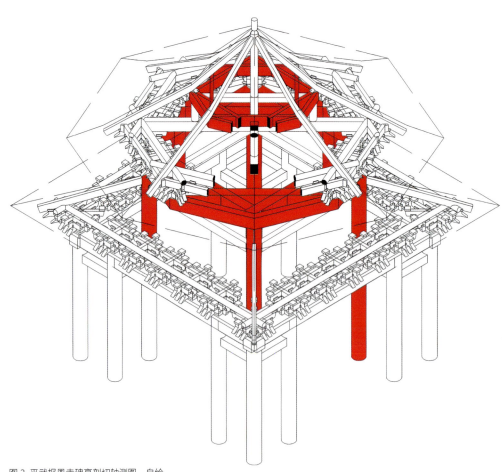

图 3 平武报恩寺碑亭剖切轴测图，自绘

在领域四角施四内柱给像设展示以明确的方向性，四柱之间采用梁栿相连并承托外阵及内阵共计十六根角梁形成亭榭斗尖之结构，内阵外阵之间则靠拉结梁相联系。为同时减小空间高度、隐藏上部梁架结构，尤其是中心垂柱与周边联系梁之形象，并给佛像更强的领域感，八角堂中心四柱处加设平棊天花并向四周出挑一圈，天花辅以精美彩绘装饰以作像设展示背景之用。

碑亭因容纳展示石碑而采用"上八下四"的空间形式，同时因其处于轴线两侧，需将建筑面向表现在外观上，同时结构也需做出改变，故也可以理解为"外四内八"的空间构造；而八角堂则因其重要性、独立性与内聚性而呈八角之态，但同时，将内阵空间由八面变四面，尽管在结构交接上有几处不甚合理之构造，但给像设的展示以明确的方向感与领域性，这种"外八内四"的空间构造与碑亭是刚好相反的。二者对比呈现出了面对不同位置不同等级的建筑在解决空间问题时转角处理的重要性与有趣之处。

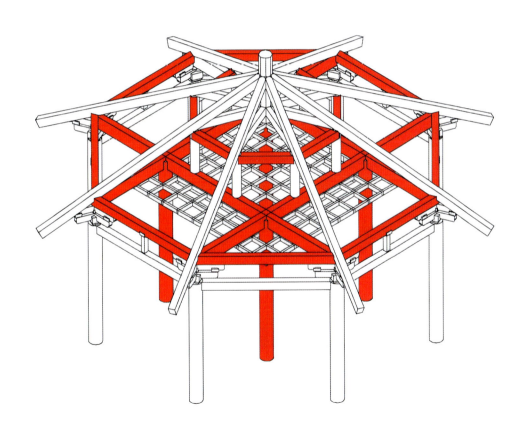

图 4 荣山寺八角堂轴测图，自绘

5.2 转角与活动

图5 三门峡市出土的三层绿釉陶水榭

转角处的结构处理，由于其构造因素最为复杂，其呈现出的可能性也最为多样，于是在不同处选择不同结构方式其背后隐藏的目的性也最为明显。从河南省三门峡市刘家渠四号墓出土的三层绿釉陶水榭（图5）中，我们可以看出其中三层各不相同的转角构造——整榭为类似穿斗架结构，一层处为承托二层活动用之较大平座，榭身四隅各出上平下斜两根挑梁共承一斗三升抹角栱以利受力；而二层转角处由于仅需承上层披檐，荷载较小而仅需各出一根挑梁，但同时为保证二层巨大平座中活动之空间高度与面向，在四角处选用龙头挑承托一斗三升抹角栱接四阿腰檐斜脊及两侧檩条；三层平座由榭身直接挑出，尺度明显缩小，故而不存在活动空间不足的问题，四角直接施用牛角挑承四阿顶并进行一定的造型表现。可以看出，一层、二层中转角处出挑处理分别为针对二层平座处之结构与空间的考虑，而进一步推测可知，这种处理最终指向的并不仅仅是平座处的空间意义，而是此榭的最主要使用方式与活动区域。

日本桂离宫的外腰挂位于心字池对岸，是一个曲尺形的转角四坡顶小建筑（图6）。正房长边紧邻桂离宫主要游览道路，檐下空间呈条形布置，内侧设长凳以供游人面池休憩等候；厢房为曲尺形之短边，在主空间之背后，伸向其后树林，其内容纳卫生间之功能。观察其平面，每四柱成一组，呈均匀布置的状态，十根柱子组成按照"L"形排列的四个正方形领域，若按惯常的连架做法，阴角处角柱需向阳角角柱搭斜梁一根以通过童柱支撑其上方屋脊相交之顶点，但这样带来的空间问题是室内形成了一格一格的空间，难以感知到坡屋顶的转向，小空间无法感知到延伸的状态⊖；而结构上的问题在于阴角角柱同时与正房厢房的两根梁、两个方向的檐檩以及阴角屋脊交接，各处构件直径较小难以处理，强行处理则对工艺要求过高不符合此处空间氛围。故而此处采用了极为大胆的结构调整——采用类似移柱造的方式将各梁架移动至各间正中，转角处不设斜梁，正房屋脊靠出挑承担；厢房转角梁架位置下调，解决厢房正脊支点问题的同时，在结构层面使阴角角柱各个交接节

⊖ 孔德钟《关于空间与结构的设计方法—结构法初探——以坡顶结构为例》，东南大学硕士论文，2014年。

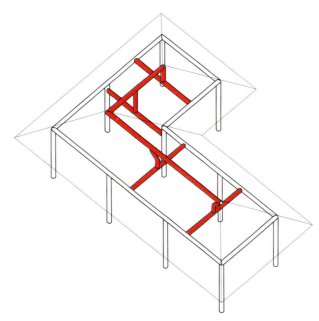

图 6 柱离宫外腰挂轴测图，自绘

点互相避让，保证了结构的有效性，同时空间上既可以感知到"L"形坡屋顶的连续性，又可以通过梁的空间位置区分主次空间，使后部卫生间部分被坡屋顶统一的同时，也获得其自身相对独立的领域。尽管此亭十分简单，但依然可以看出，这是一个始于木材尺度与性能逼迫却对功能使用做出准确反应的梁架调整。

最与使用或活动息息相关的建筑类型，则非住宅莫属。图 7 为穿斗民居在处理角部使用时对结构做出变动的一处典型案例：此房主屋同样为一曲尺型平面，入口设于厢房阴角处，进门为一主厅，建筑阳角处为厨房。建筑正房与厢房屋架形式均一致，为七柱满柱落地式屋架，这便使得"L"形正脊始终位于房屋中线上。通常转角处柱同时承接正房正脊、厢房正脊、阳角斜脊、阴角斜脊以及两个方向的屋架，故而应加粗落地，以保证结构强度，即在民居中所谓之"将军柱"。但此房为使厨房平面更为合理好用并减小厢房处主厅之跨度，其转角处将军柱并未落地而采用童柱将四脊交接，

而进行两个方向屋架转换的为被升高至正脊高度的正房转角处前一金柱。于是厢房方向屋架被向内侧移动了一椽架之距离，与转角处跨度增大而需于其中位置增设一檐柱，这便带来了此建筑阳角部分打开之机会——将所增柱设于靠近角部处并同时于转角另一侧增柱一根而使角柱变为童柱以令角部打开。为解决阴角处的减柱需要，正房转角屋架与厢房转角屋架于交接处即止，唯一一出挑的部分为正房转角屋架头穿伸出并于室内作牛角挑状承正房前二金檩，正房前一金檩则直接扎入前一金柱柱身，而后将厢房前一金檩与前二金檩直接搭在正房前一前二金檩檩身，前三金檩与檐檩二处因跨度不大故直接由两侧屋架伸出，作十字扣状交接。尽管此屋跨度不大且工艺粗糙不具备代表性，甚至几处结构变动之后的空间处理十分含混——转角打开后仅作为厨余垃圾处理之使用——但其屋架的连接逻辑、角部打开的结构与室内大厅处作牛角出挑甚至形成了室外感知的设计潜力却是不容忽视的。

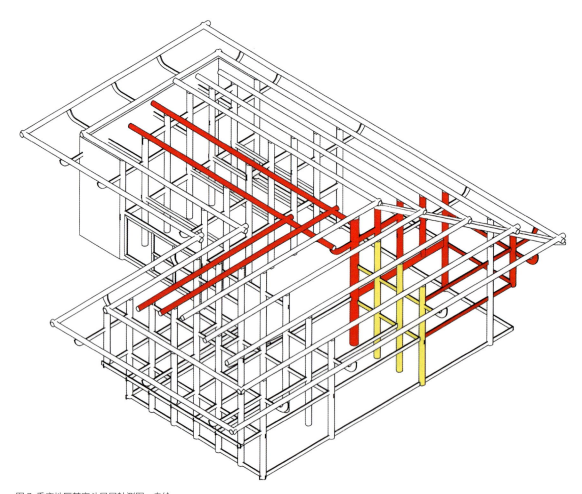

图 7 重庆地区某穿斗民居轴测图，自绘

5.3 转角与视线

　　河南省项城市出土的三层绿釉陶百戏楼（图 8），在结构上有着十分有趣的表现。此楼平面呈正方形，自下而上逐层缩小，功能分别为表演空间、演奏空间与辅助空间。其一层为亭式建筑，四周为"干"字形栏杆，四角望柱上置转角方向张口吐舌的怪物首雕像，而后于其上置弯木构成的抬梁出挑，并承四角抹角一斗三升斗栱以接四阿披檐之檐檩与角梁。值得注意的是抬梁方向并非按照常规大木建筑构法以面阔—进深方向搭接，而是直接对角布置，无论从尺度还是形状都与常规构法相异——因对角跨度最大，故而其尺度最大；因将于平面中心相撞，故而推测两弯木为上下相错共同承中心蜀柱，以保证其受力性能。其位置也值得讨论，观察百戏楼内表演人像尺度，可知此二梁高度位置大概位于表演者头部以上高度，加之梁本身的高度与形状甚至一部分装饰产生的面的特征，对其中的表演者产生了很强的围合感知由于表演面向，而对于观众来说，结构在这里也因其打开方向的转变而使舞台的表意更为准确，为进一步表达舞台的重要性特征，二层、三层正立面处均施小木作将结构封闭，以突出一层打开的特征。在此案例中，原本仅仅作为结构的梁更像是舞台布景中的屏风或背板，但又因其下部之透空而获得了十分轻盈的特征。

　　兴国寺般若殿中的转角构造同样值得注意（图 9）。般若殿位于甘肃省天水市秦安县兴国寺，为一始建于元代的面阔三间、进深四椽的单檐歇山顶建筑，内供一尊佛像、两尊菩萨像。现状前檐显五间，且其殿内加檐柱若干。经推断与分析将后世所加辅柱结构去掉，其原结构如图 9 所示。前檐处为移柱造，施大檐额大雀替与粗柱形成扩大的明间；前檐金柱一列构件相对檐柱纤细许多，同时呈现出横架与纵架之特征以联系殿身与檐廊；殿内采用减柱造，具体结构形式为殿身后部自山面中柱开始施两层大抹角梁承托大额枋，大额枋则与前檐处二金柱上方丁栿承托上部梁架及歇山山面构架。这些结构带来同样呈现出十分正面性特征的空间——与之前所讨论面阔操作相同，当人们在殿外时，由前檐处塑造两层界面形成两层画框圈出其殿内像设营造出重要性的空

图 8 三层绿釉陶百戏楼

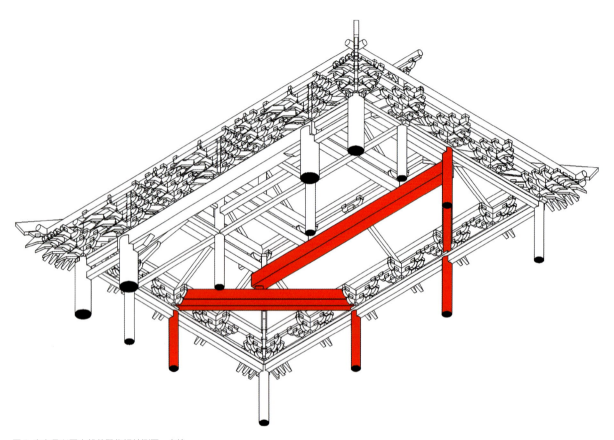

图 9 秦安县兴国寺般若殿仰视轴测图，自绘

间感知；但同时更应注意的是抹角梁的空间意义：因殿自身面阔与进深较小，抹角梁在此尺度显得尤其之巨大，加之殿身各柱并不高，即使参拜者步入檐廊甚至进入殿内，抹角斜梁的高度与方向配合视觉透视共同形成了一个放射状的背景，营造出引导性非常强的空间感知，强化了佛像所处领域的重要性。

抹角不仅仅可以以抹角梁的形式作为视觉上的表现要素，抹角动作自身对平面的变动也对视线位置的设计至关重要——天津市蓟州区独乐寺观音阁便是一个典型的例子（图 10）。观音阁始建于辽代，位于山门之后，为一明二层、暗三层的层叠式殿阁结构建筑，面阔五间，进深四间八椽，单檐九脊顶，金厢斗底槽，其内供奉一尊十分高大的观音像。然而与前文所述隆兴寺慈氏阁不同，此殿一层处并未对菩萨像的观法做出特异设计，仅为常规的金厢斗底槽格局；其特别之处在于，除在平座暗层处除加斜撑以稳固结构外，还将二层明间地面向前挑出，并于内槽自次间屋架中柱至内槽前后金柱处施抹角梁将四角抹去，形成了一六角形空井。这带来结构层面的好处是使得其内槽间构架相互联系更为紧密稳固，形成类似核心筒之结构格局；而在空间上尽管在外部呈现出正面性的特征，但其内部将二层空间平面格局改变，使内部空间使用的方向性在一定程度上得以消除，配合屋顶梁架下皮之藻井与平棊天花，令二层形成了中心环绕性的空间特征，使菩萨像头部所处领域十分明显。究其原因，此菩萨像之展示重点并非仅在于全身之高大，而更在于其头部之精美——此 16 米的泥塑菩萨像为十一面观音。

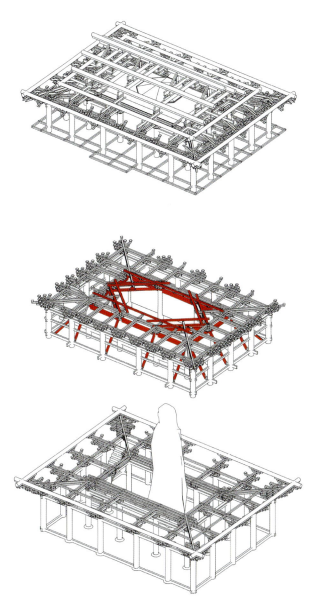

图 10 独乐寺观音阁分解轴测图，自绘

5.4 抹角与借用

　　尽管对于传统大木建筑中转角的讨论与研究数量众多，但多关注于其构造本体或仅是对形式的描摹，而这是一种外部视角。本章着重于讨论传统大木建筑中转角的结构技术与空间潜力，从内部讨论转角问题。而正是在内部，抹角这一事件的结构优势与空间潜力便被注意起来。结构层面，通过抹角减小了角梁之跨度，甚至使角柱去掉成为可能；而空间上，抹角操作对于空间的面向也产生了一定的作用，如在观音阁中，内槽抹角使空间呈现出中心性，在兴国寺般若殿的例子里则通过抹角梁的位置对面阔进行视线上的强调，这些针对内部的转角操作使建筑获得了明确的空间意图与感知。

　　除抹角之外，在转角处结构的互相借用也是较为常见的设计操作。如果说抹角是为了强调空间领域强化空间特点，那么借用则更多是将不同空间融合的一大手段。转角部分的借用大致分为以梁为核心的结构操作及以柱为核心的结构操作。其中以柱为中心的操作更多为阳角处处理两个方向屋架交接问题的方法，而以梁为中心的结构操作则更多针对阴角之中互相搭接以减柱之空间问题。前文所述之诸多转角处理，对于两类处理方式均有描述，但多围绕建筑内部问题所做。以下补充两个针对建筑内外空间关系而作转角变动的案例，分别再次叙述两种逻辑在不同建筑中的运用。

　　位于江苏省苏州市沧浪亭的翠玲珑为三个坡顶小屋按不同面向雁行式布置的一组似廊似房的小建筑（图 11）。为突出建筑空间之不同面向，其坡顶方向相异，就需要令转角处屋架方向扭转以承接不同体量的坡面，于是呈现出现状的以柱为核心的屋架设计结果——三间小轩均为抬梁式大木结构的硬山建筑，两侧山墙用于隐藏并保护其中的木梁柱，而当三间小轩之间各自以其面阔与下一间的进深直接相连时，角部被山墙所隐藏限制的梁柱得以释放，即各自将对方角柱借用，形成屋架方向的转换，消除了轩的单元分解使之融合成为廊以令人通过。而后通过墙面开洞与小木作装折等手段令翠玲珑一处仍维持了轩的单元感以令人停留，

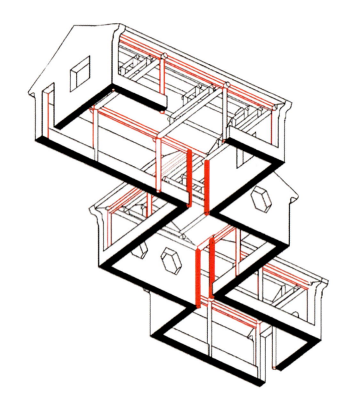

图 11 翠玲珑仰视轴测图，改绘

最终形成了单元面向明确又有折廊特征的一处经典空间，而这所有空间感受之来源，除明确的对景关系之外，还建立在以柱为核心的对于角部操作带来的结构关系之上。

同样为解决居处与造景之间关系及两个空间之面向问题，日本滋贺县大津市园城寺的光净院客殿却选择了在阴角处以梁为核心进行结构操作（图12）。在建筑之南向檐处，通过减柱将面阔方向檐柱悉数减去，甚至包含其与中门廊抱厦相交接的阴角转角柱。减柱后其上使用桔木出挑以减轻檐重，并施上下两层大额枋以承屋檐。下层大额搭于中门廊处比例十分惊人的梁上，以将角部打开。这样带来空间方面的好处在于，相对上之间与广间处而言，

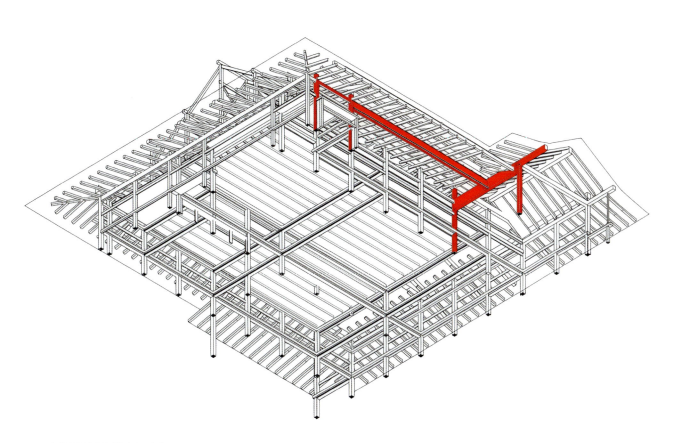

图 12 光净院客殿仰视轴测图，自绘

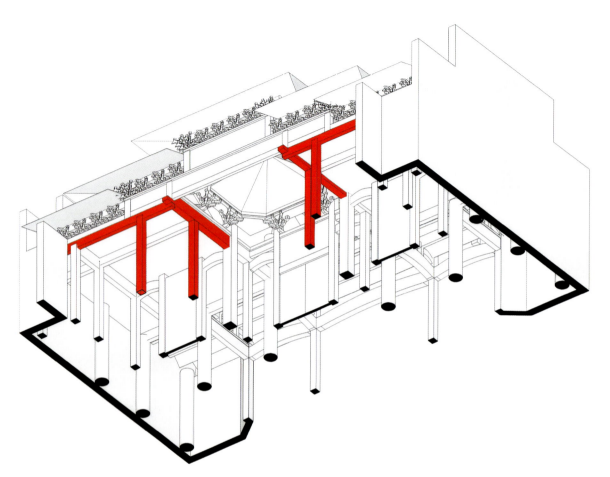

图 13 阳春村方氏宗祠戏台仰视轴测图，自绘

尽管其退后一间之距离使其与庭园造景之绝对距离增加，但由于其中并没有柱子，广缘与缘侧实际上融合为同一空间，而在室内感受到的依然为室内—檐下（广缘—缘侧）—庭园之关系，其心理距离并未改变；同时由于角部柱子的减去，使中门廊处在感知上仍为一大间，避免了有角柱后对于中门廊北侧靠主殿之处空间失去特征而不辨是厅是廊，作为贵人口的中门廊在其尺度上依然保持了一定的等级性，同时也令所进入之贵人对庭园的感知也更为直接。

　　位于婺源阳春村方氏宗祠的明代戏台，也体现出了以梁枋借用为核心的屋架设计的精彩之处（图13）。该建筑为歇山顶形式的山门戏台，即既可作为仪门，面向院落一侧又能作为戏台。

　　结构方面的巧妙之处在于，其戏台一侧作了移柱处理：其前檐用大额枋，而次间下层枋木自左右伸出，共同承托进深方向的五架梁梁头，从而解决移柱后梁端支撑不足的问题。这一结构变动为戏台台口提供了更大的空间，使院内观众获得了更好的观戏体验。而虽然大额枋、次间下枋等部分均为面阔方向构件，但由于该建筑屋顶为当地俗称之"五凤楼"形式，正中歇山顶与下部明间完全对位，二次间则各自支撑上层迭落之屋顶，加上明间、次间梁枋所限定空间内藻井构造不同，各间内部实际具有独立的空间特征。而在将檐柱拆分为二平柱各自朝向面阔进深方向移动之后，台口处所呈现的不仅有明间扩大的视觉感受，亦有次间独立领域转角获得解放并重新与明间空间得以融合的效果。

第六章 空间的潜力

6.1 领域与方向

在前文所分析的三十余个案例中，分别针对建筑的进深、面阔、转角进行了结构与空间上的讨论，可知结构自身对空间愿望的回应，从一些小的角度窥看传统建筑中的设计思路——先确立建筑的基本形制与结构形式，而后针对不同问题作调整与变动：在针对进深的结构操作中，厅堂类建筑多通过增大梁栿截面并调整出挑位置以解决柱位调整带来之跨度问题，而殿堂类建筑在柱位调整后还同时要解决槽形式所带来的空间感知问题；在针对面阔的结构操作中，通常使用纵架或局部纵架逻辑来解决面阔方向跨度问题，而后将其被看界面予以表现以获得对空间意图更好表达的结果；在针对转角的结构操作中，抹角带来的空间潜力——打开建筑转角、改变空间方向或强化视觉中心——令人印象十分深刻，转角处几个结构互借的案例对空间融合的作用也值得注意。

而当用层叠与连架两种结构逻辑将前文案例进一步归纳整理后，可以看到传统大木建筑与德普拉泽斯所描述的抽象而匀质的框架之空间差异——不同结构逻辑所呈现出来的不同空间特征表明，此框架并非不存在空间意义。

追溯前人对空间的论述与理解，可以借助森佩尔对空间两大特征的描述——即围合与向度——对空间问题进行分析讨论。但需要注意的是，正如德普拉泽斯所言，框架无法直接形成墙体包裹的房间般的空间，而森佩尔此处所描述的却多半是墙体主导所形成的空间特征。尽管华裔结构师林同炎在其著作《结构概念和体系》中从结构的角度明确指出梁与墙的逻辑关系，日本建筑师中村竜治在其著作中也从空间角度将第一章所述关于梁的装置设计作品《Beam》放了关于墙的研究章节之内，指出在人视线高度时梁对于空间的围合意义，但这些直接将梁等同于墙的讨论，同样藏着将框架结构的空间属性弱化的危险：梁仅在特殊位置与尺度时方能产生围合之效果，而其他情况则更多是作为空间的限定物而存在。故而在此处我们或许需将讨论的用词进行调整——将对空间中框架所带来特征的描述从"围合"与"向度"替换为限定出的领域感与强调出的方向性更为贴切（图1）。

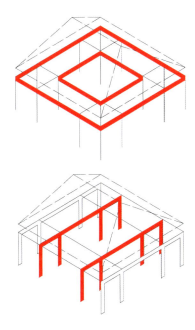

图 1 框架结构中的两种空间感知，自绘

最基本的框架结构类型一般具有三个维度的构件，即作为竖向支撑的柱子即进深与面阔两个方向的梁。而欲对空间发生作用则需要从空间操作的角度对三种构件的主次进行区分：

1. 当仅对一个维度的构件进行强调时，表现的是构件自身，通常是一些相关文化性的操作，对整体结构及空间之影响较弱（如徽州地区众多大尺度且布满雕饰的月梁）。

2. 若将三个维度均作强调，则与均不做强调无异，空间在框架语境中仍处于匀质状态。

3. 所以，只有强调两个维度的构件而弱化第三个维度的构件时，框架空间的两种特征才能被分别强化而呈现——即当梁全部强化而柱较弱时，强化出的是空间中梁所限定的领域感；而当柱与某一方向的梁共同强化表现而弱化另一方向的梁时，空间呈现出极强的方向性。

层叠型建筑或自原始穴居发展而来，呈现出与土作建筑十分密切的逻辑关系；而后或因高台建筑土台退化，或因土墙逐渐演变为柱，下部支撑与上部作为出挑技术而被选择的原本是墙的井干结构相匹配，其梁柱结构逐渐形成。但若将关注点聚焦于建造之愿望可发现，建筑原本只需要一个屋顶以覆盖下部空间与支撑物，支撑物并不必然是与屋顶梁架一体之木质构架。

所以，观察古建筑设计的方式，及《营造法式》中对于层叠型建筑中最为典型之殿堂建筑的描述，我们可以发现：

1. 因生起、侧脚等诸多原因，柱脚与柱头平面并非一致，故而设计与讨论时，对于其平面原型永远以铺作层底平面作为设计基准，即殿阁地盘分槽图。

2. 《营造法式》一书中对于殿堂建筑侧样的描述中，几铺作是描述之必需。

这就意味着在殿堂建筑中，无论柱位如何移动、柱如何删减，其初始设计从槽开始；梁架襻间等形成槽的构件并非仅作为限定空间边界的线性杆件，而直接指向相互咬合组成的具有深度的结构，以界面的形式在不同位置形成固定的领域，于空中承担了"墙"的空间分隔功能。

对于宗教造像或重要人物的空间而言，利用不同槽来区分不同领域更利于后续的空间差异化设计——如在殿堂侧样图中，除几铺作及槽形的描述外，草架二字或许证明，其槽身利用咬合的斗栱进行尺度转换而与藻井相接的天然适宜性（图 2）。

而当我们再看《营造法式》对典型的连架逻辑建筑——厅堂建筑梁架侧样的描述，我们可以发现其描述方式之区别：厅堂侧样命名几乎不提铺作形式（《营造法式》厅堂结构给出的 18 种中，仅"八架椽屋乳栿对六椽栿用三柱"一种，因描述构造所需，准确表达为六铺作单杪双下昂。其余 17 种一律表示成四铺作单杪，实因铺作数与结构关系不大），而强调建筑总深度（椽架），强调榑架（间缝），并强调榑架内之梁柱。观察前文所述各厅堂建筑实例，其结构在横架与纵架之间不同选择带来的空间呈现出不同的方向性，而即便同一种屋架，由于每扇屋架本身是独立的个体，且不存在铺作层，屋架之间的枋与额在结构层面通常只起联系作

图 2 独乐寺观音阁天花与斗栱关系

用，截面较小且位置可调，所以也呈现出极强的方向性特征。而因厅堂构架梁柱乃至所有连架型大木结构无铺作且各构件尺度相对较小，其结构构件自身不具备表现性与领域感，故而更适宜用于表现一些尺度特异的像设或方向感较强的空间——如利用屋架自身的通高表现像设高大（慈氏阁）、利用屋架之间的通进深表现像设之重要（初祖庵），或在面阔方向利用屋架中的梁柱形成边界突出其后重要造像（开元寺天王殿）。当需要表现空间内某些重要领域时，连架型建筑不得不借助藻井的力量将某些区域予以强调，但由于梁柱自身与藻井交接之处并非像槽般由斗栱层层承托，通常需设边框次梁甚至吊挂来完成藻井之构造，故此逻辑类型所产生结构在空间领域的表现性上呈现出较弱的一面。

6.2 适应与极限

不同的大木结构逻辑，不仅可以在其基本结构所形成的空间中体现出不同的感知。遵循不同逻辑的结构扩展，其功能—空间间的适应性及所能达到之极限亦有差别。

层叠式大木的竖直向扩展逻辑，体现为"槽"及柱框层的不断叠加，最为典型的层叠式大木构架精品，当属应县佛宫寺释迦塔（图 3）。

佛宫寺释迦塔建于辽代，外观为五层，塔身平面八边形，首层外又设副阶。因上方各腰檐平座内利用铺作高度又作暗层，故整体共九层，总体高度达近 70 米。总体而言，此塔之结构在平面上表现为内外槽的空间划分，而在剖面上则以一明层加一铺作层（暗层）为一单元，以叉柱造之方式逐层竖向叠加。

塔身中不断的层叠建造，使各层结构之间相对独立，这种设计至少带来了两方面的好处。

在结构与材料方面，因塔身体量巨大，结构自重及内部造像荷载惊人，减少通柱的使用可避免铺作层受压与柱身受压后因木材各向异性而导致的形变量不一致的问题，对整体稳定性反而更有帮助。

在空间表现方面，因登塔之胡梯沿八边形平面旋转，各层入口位置均有差异，加上不同铺作层做法与斗栱"表情"所形成的微差，使各层之空间感知同样相对独立，可充分体现各层内槽所陈设造像之重要性。而多层相对独立却具有微差的空间连续出现，配合着内部不同造像组合所代表的宗教故事，也使塔的整体空间设计获得了叙事性，最终形成了结构—空间—叙事的高度统一。

可以认为，木塔的结构设计，体现了层叠式大木结构在竖向扩展中对结构与空间的良好适应性，而其作为现存最大的木结构建筑，很可能也意味着已经到达了这类建造方式的极限。

层叠式大木的水平向扩展逻辑，则可体现为"槽"的逐圈扩展。但因木材尺度、建筑体量与建造复杂程度等因素之影响，完全水平向的扩展与延伸极难做到，以殿身周围低处增加披檐形成周匝之副阶的空间扩展则更为常见。

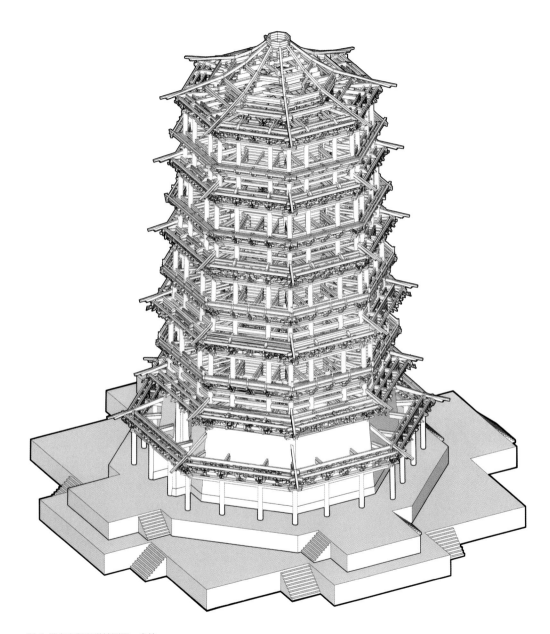

图 3 佛宫寺释迦塔轴测图，自绘

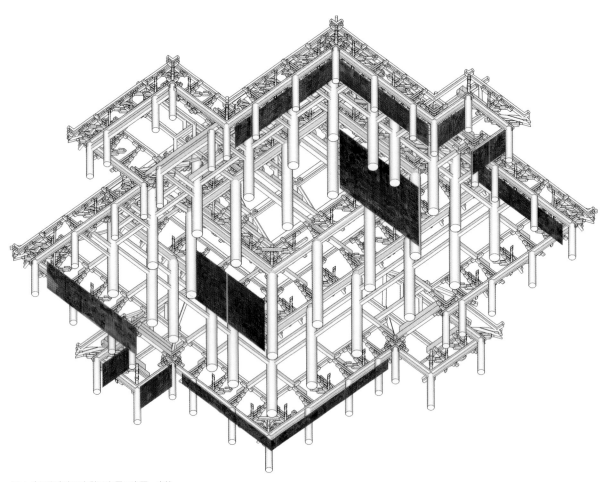

图 4 摩尼殿室内现存壁画布置示意图，自绘

在传统木结构建筑中，受限于传统防水材料性能的不足，通过坡顶排水以避免屋架糟朽是设计中的基本需求。故而，结构在水平向扩展后，带来的结果是檐口的不断降低。在殿身尺度固定的情况下，扩展部分之内部空间因而难以得到保证；而除檐口或层高的空间高度问题外，水平扩展后使室内深度过大并影响采光之问题亦值得讨论。而如何通过设计解决空间中的光线问题，也直接影响着所形成空间的效果——从这个角度而言，正定隆兴寺摩尼殿与大理天主教堂当属两个值得仔细分析的精彩作品（图4、图5）。

摩尼殿空间之主要愿望在于对多处像设的展示与表达，故而其空间之核心便是占据了整个内槽的像设部分——它不仅仅包含面南的主佛与面北的倒座观音两组巨形造像，也包含扇形墙两侧的巨形壁画：即坐西朝东的《西方胜境图》与坐东朝西的《东方净琉璃图》。而考虑到使用者之礼拜活动，其结构自然需要配合像设进行设计，以最终形成四周向心的空间面向。

而为将这个核心中的壁画与像塑更为精彩地展现，其光环境的设计问题是一重要问题，而这一问题内部，又包含着两方面的考量：其一，面对超尺度造像，针对使用者的最佳视点处光环境的设计；其二，则是在四个方向上入射光线之间的相互平衡，即均匀问题。

面对近9米高的像设，若要观者获其全貌，则需退让出足够的距离。但倘若退出屋外，不仅礼佛活动无法顺利进行，在室内外巨大的亮度差异中，观者也难以看清像设高处任何细节，无法达到宗教宣传教化之意图。

于是，在副阶周匝所扩大之空间深度仍难以满足该距离情况下，抱厦被灵活使用——深度增加、檐口却并不会降低，同时也在将最佳视点处光环境逐步压暗，以让人眼慢慢适应从而感知更多细节。

为了适应像设高处信息的展示，通过抱厦的形式将人周围光环境逐步变暗，但这种加大深度的方式也使核心空间之环境更加幽暗，需要通过其他设计来改善这一情况。

摩尼殿殿身部分已堪称巨构，额枋等构件难再有抬高之空间；而用材较大、步距较远、出檐又深，副阶与抱厦之檐口已较低，整体高度难再下降。故而副阶屋架与殿身交接处之承椽枋与殿身额枋之距离难以脱开，无法形成有效的采光范围；而按照常规方式在立面上开窗，会带来诸多不良影响：不同时间、不同方向的光线强度差异过大，仍会造成室内出现眩光等不利于像设展示的情形。在四周均能采光的同时将光线尽可能柔化，成为摩尼殿设计者需仔细考虑的问题。

将拱眼壁配合直棂作为采光的处理，几乎成了必然选择——四周均有采光机会，且属于非常利于表现像设的自上而下的高光或高侧光；加之其所处位置在檐下，深远的出檐可对直射光线形成有效遮挡，故除冬日或早晚时分外，此处入射之光线更多为散射光而非直射光，尽最大可能平衡了各个方向的光线强度差异。

图5 正定隆兴寺摩尼殿拱眼壁采光打亮壁画，自摄

这一立面不开窗的选择，不仅从外观上给摩尼殿以极为特殊的体量感，更为其内部带来一个极为罕见的、五六十米长的巨幅完整墙面。考虑到向心性的空间组织使整个副阶周匝处获得了环状的、完整的空间形态，将佛教故事以长卷形式绘制于此墙也成为一种顺水推舟的选择：四周檐墙表面现存之《释氏源流》壁画，不仅在绘制技法上是值得称颂之精品，更配合着空间特征与信众礼拜流线，极为高效地述说了一系列宗教故事，精彩地实现了教化之功能——在大木结构、像设、光环境之间的相互制约与精彩配合下，摩尼殿最终呈现出了如今的空间品质。

而不同于摩尼殿这类掣肘颇多之巨构，小体量层叠式大木建筑因其用材断面较小，空隙较多，在通过副阶做法进行水平扩展时采光设计之方式可大大增加，空间之适应性也更为灵活多样，大理天主教堂的设计便体现了这一点（图6、图7）。

大理天主教堂为20世纪初重建，其基本型为七檩歇山之殿身，殿身外副阶周匝。但因该建筑功能为教堂，故整体自山面进入，并配合整体功能特点做出两方面的精彩处理：其一为入口处柱位与屋架的调整，其二则是副阶周匝高度的控制。

从平面上看，此建筑"殿身"部分之"进深"尺度并不反常，约6.8米，大部分区域不设内柱，用七架梁做法。但柱位之排布，在两"山面"做出了区分：入口处及相邻第一缝屋架下部均设双柱，在将主入口位置限定的同时，也使殿身之上再层叠建造钟楼以强化教堂形象的设计成为可能；而中厅（即殿身）尽端处则用独柱，用以悬挂圣像，并对相关教义形成隐喻。

剖面上的设计策略则更为成功。匠师刻意将殿身部分整体拉高，而副阶仍处于正常一层高度。这一操作不仅使室内空间形态与教堂所需求的"巴西利卡"形式极为接近，也为室内光环境的控制创造了更多机会：副阶周围以厚墙、小窗围合，将两侧环境压暗；而殿身额枋与副阶承椽枋之间，施以彩色玻璃窗，将中厅高处照亮使之更为突出，并将宗教感知予以强化；而完全透空的栱眼区域，使入射光线产生轻微眩光，令斗栱之体量在视觉上被减弱，并将上方蓝色天花周围打亮，二者共同加深了屋顶体量之漂浮感，与西方哥特教堂之中所追求之轻盈高耸之意向吻合。在

图6 大理天主教堂内景，自摄

此设计中，通过对殿身与副阶高度的灵活控制，大木结构体现了良好的功能适应性与对光环境的塑造能力。

受限于材料生长极限等条件，纯粹的连架式大木结构在竖向扩展方面表现得略显局促。但在此类结构进行水平向扩展时，其灵活性却远超层叠式大木建筑。

在连架式建筑中，各类"枋"的作用主要在于拉结、联系各缝屋架，因而具备极高的机动性；同时，因并不存在水平向的"槽"的概念，屋架之间的高差、单个柱的长度也均无限制。所以，在此类建筑进行面阔方向的扩展时，可体现出极为灵活多变的特征：无论是对间数无限延展的需求，还是对地形不断变化的条件，连架式结构均能以最简单的操作进行回应——园林中常见的爬山廊，便最能体现连架式结构的这种特点。

而在沿进深方向进行扩展时，不仅可以通过共用檐柱、以"勾连搭"之技术不断复制屋架单元的形式实现目的，也可以通过不断降低檐口、扩大单一屋架进深的方式达成改变室内空间深度的目标——定州贡院的魁阁号舍便是后者的极端体现（图8）。

作为贡院的主体建筑，魁阁号舍之主要功能——即考场——

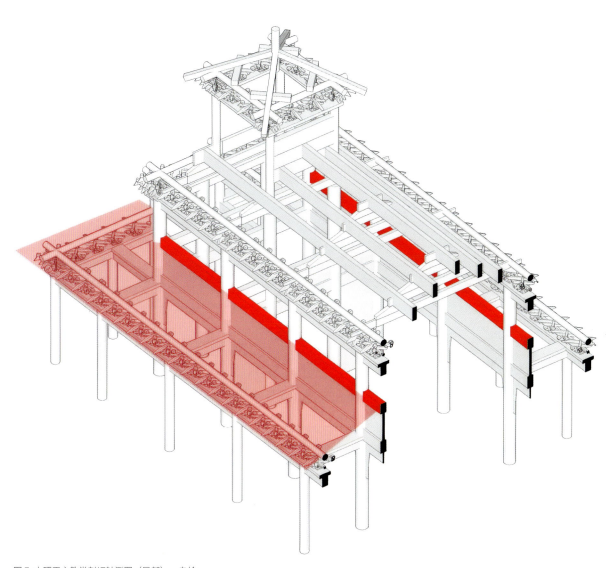

图 7 大理天主教堂剖切轴测图（局部），自绘

主要由"号舍"部分承担，而"魁阁"则为在入口处供奉魁星之空间。为提供足够大的室内空间以满足众多考生进行科举考试之需求，该建筑号舍部分既形成面阔七间、进深九间的规模。值得注意的是，此建筑为山面进入，而结构是沿东西方向布置的厅堂式构架，"面阔"七间完全由八柱二十八檩之屋架形成，而南北方向主要依靠檩或局部的承橼方进行拉结。如此设计的好处有二：一方面，屋架布置方向仍为短边，在为保障采光而立面上檐口高度相对受限的情况下不必进一步加高屋脊，整体结构效率较高；另一方面，屋面会形成东西向的坡，也为来自东西向射入的高侧光创造了机会——若将屋架方向扭转，仅能为室内提供南侧的入射光线，则室内南半部分将十分昏暗，难以适应"考场"之需求。

至于单缝屋架内用八柱的厅堂形架构，其本身也十分罕见。根据屋架形态，我们可以发现一个以六檩用双柱的卷棚厅堂构架为核心、向东西不断扩展空间深度的过程。在这个过程中，为保证排水需要，屋面须不断迭落；同时，中央三间在进行屋面高度设计时，与相邻屋面刻意脱开，从而留出了高侧窗的缝隙，极大程度地改善了室内的光环境，也体现出了单椽屋架设计在创造大空间时的灵活性。

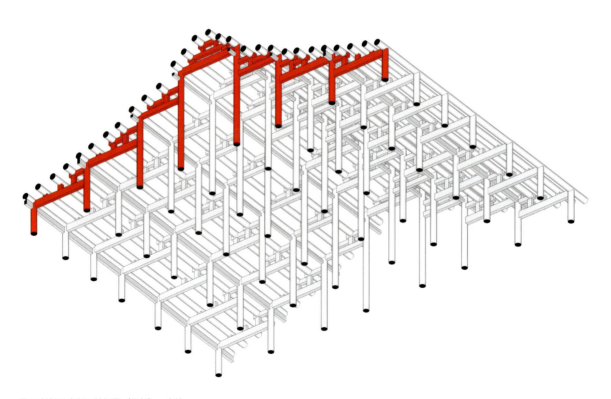

图 8 魁阁号舍剖切轴测图（局部），自绘

6.3 表现与潜力

针对传统大木建筑中的结构与空间，配合其主要使用方式而讨论其中所包含的设计，思索其空间特征，不仅有助于我们重新认识传统建筑，而且或可对于现当代建筑中的框架结构中空间设计的理解与区分有所助益，从而在中国建筑史与建筑设计之间架起桥梁。

而当我们试图用这种来源于传统大木建筑的空间观念来审视现当代的一些框架结构建筑时，则会从一个崭新的视角看到不同作品中框架应用本身所呈现的空间质量差异；不同的构架方式的空间特征及潜力，也会让我们未来对结构进行操作时具有更强的指向。

前田圭介设计的洋娃娃浓汤事务所可以视为对层叠结构之空间潜力的一种极端表现（图9）。建筑位于一个坡地之上，为同时保证这座被周围独栋住宅包围的工作室兼展室的私密性与开放性，结构上除了作为承载竖向荷载的屋架外，还利用了三层由60毫米厚的夹心钢板悬挑而出的"回"字形圈梁。在空间上，由于梁的不同位置与坡地之高度变化，其功能作用时而似矮墙时而似悬墙时而似蚁壁乃至层叠的几种地盘分槽——或许并不直接参与空间的内外区分，但基于不同高度对于领域的强烈限定依然给我们十分强烈的空间感受的区别。而结构上，尽管加高悬浮墙面的高度以及减轻自重的夹心钢板使得院墙的悬浮不可思议，但正如

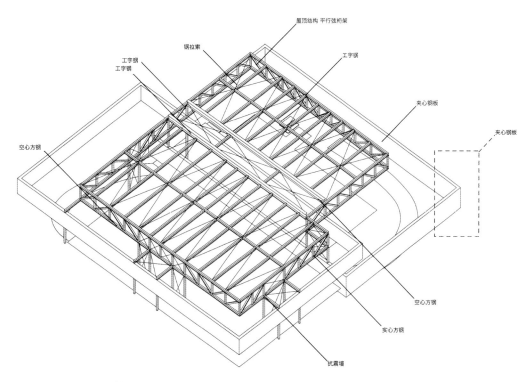

图 9 洋娃娃浓汤事务所结构轴测图

利用三本不同方向叠放的书本或比之于晋祠圣母殿更为极端的殿堂结构减柱，其要点仅仅在于结构构件的刚度与自重的关系。

与殿堂之空间逻辑更为接近的，则是西扎在台湾省台北市金宝山公墓中的设计（图10）。

金宝山公墓主要功能空间为一个嵌入柱林中后部的由环绕着墓地的四段弧形座椅围合出的圆形悼念厅，而为加强圆形悼念厅的场所感、强调出墓地位置，剖面上选择了十分传统的布置方式——引入一个小穹顶。于是，基本结构关系自上而下依次为穹顶／壳体—井字梁—柱网。为强化悼念厅对穹顶的空间感知，在穹顶正下方的井字梁被取消，同时将穹顶前后两列柱均错动半跨，以减少四柱与井字梁格子共同形成的"间"的领域感对空间中心的干扰。或许为从外观上表现整个屋顶体量的水平性，抑或是由于梁足够深而不必将穹顶做得太圆满，西扎在此用了一个微微鼓出的穹顶，仅为强调出空间的领域，而非表达自身。扁扁的穹顶带来的结构上的结果是，侧推力难以在短距离内被消化，所以梁的高度与长度在一定程度上在这里需要同时被加强。

尽管此穹顶位置及下方的悼念厅并非位于台基轴线正中，但却实实在在位于整个屋顶覆盖区域投影的中心位置，而"屋身"

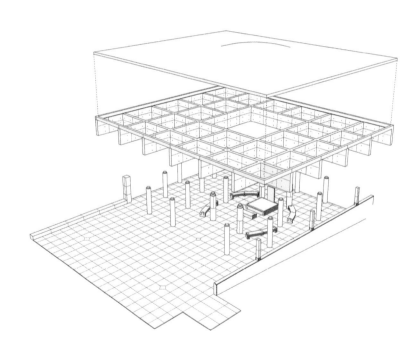

图 10 金宝山公墓结构分解图，©Carlos Castanheira, Álvaro Siza Vieira

前部则留了一处类似传统宗教建筑中"月台"般的小广场，以容纳正式悼念活动时的众多使用者。一处最值得注意的结构操作也因此出现——为了在巨大屋顶体量的覆盖下将墓地的位置加以强调，设计师将"前檐"位于正中的柱子去掉，从而配合"金步"错位柱列将广场上人们的视线集中于穹顶之下的墓地。而这一操作带来的结果是，需要将井字梁的高度进一步加大，形成类似于古建筑中"大额枋"的作用以抵抗跨度加大带来的结构问题。而为保持空间的纯净，内部柱子间并未施加连系梁，这就导致屋顶之下柱网部分在水平力的抵抗上存在一定问题，于是解决的办法

为：在台基左右加矮墙或坐凳将柱子连接，以形成不同方向的水平抵抗；同时，将位于屋顶中央穹顶下、"明间"前后的"金柱"加粗，以靠其本身的刚度将结构加固，并强化出空间的中心性。

从西扎的一系列操作中，我们可以清晰地看到层叠式构架所带来的空间领域表现方面的潜力——正是由于这种类似殿堂结构形式的选择，才使得此建筑构架简单、毫无分隔、但空间仍旧主次分明。

陈其宽在台湾东海大学设计的女白宫则是针对所需空间而主动采取连架逻辑结构的经典例子（图11）。此建筑位于一个小台

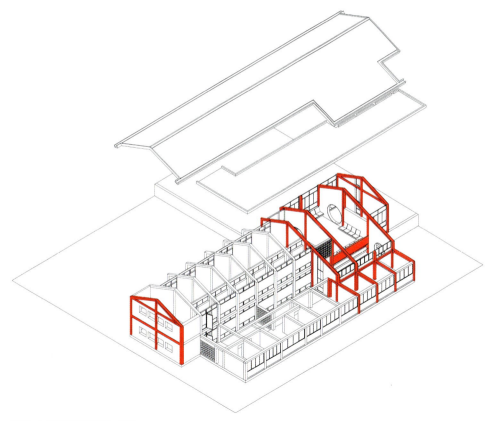

图 11 女白宫分解轴测图，自绘

地之上，功能为女教师宿舍。为承担宿舍功能，该建筑采用多跨间距3米的砖混结构承担屋面荷载，钢筋混凝土所形成之"屋架"更多承担构造柱、联系梁之作用。而在门厅处，间距由3米变为6米，以使会客空间有更好的体验。而为强调场地特点，建筑在门厅与其下餐厅处采用了错层处理，而6米间距的两屋架之间连系梁大量取消，合并为会客厅座椅之背板，使得坡面得以完整露出，令人更能感受这一空间的台地特征；两山墙处屋架则加强各个方向之联系，以加强山墙处结构。这种将屋架排列组成结构，调整屋架以匹配空间的构造逻辑呈现出十分明显的连架特征，也与前文介绍各个厅堂建筑暗合，而在室内也确实呈现出了不同的方向性——宿舍空间因排架呈现出的纵深感与会客空间因连系梁的变动而呈现出的对坡面与台地之表现。

与陈其宽设计的女白宫类似，冯纪忠所设计的方塔园何陋轩也体现出了连架式结构影响下的空间特征（图12）。此建筑是一个水边茶亭，其设计质量，可以体现在地面台基同地形关系的处理、体现在弧形墙体对光影变幻的捕捉和对时间的暗示、体现在把檐口压低从而将人视线引向水面而屏蔽园外的公路、也体现在其虽采用竹结构却仍用木构的连架逻辑加以强化视线引导——通

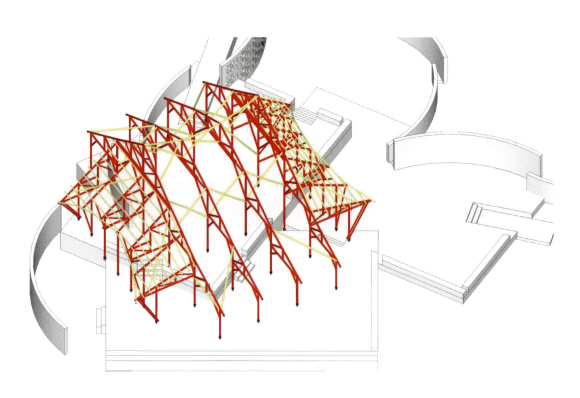

图12 何陋轩结构轴测图，自绘

常，因竹子之材料特性及连接方式，会被按照桁架结构进行处理，但桁架结构自身由于斜向构建众多，难以形成有效的方向引导，甚至可能形成带有体积感的结构空间，这对檐口压低之处理所意欲达成的目标——即将人视线引向水面——是十分不利的。所以，此处仍按照木构逻辑，将多重竹杆件并置形成进深方向的屋架，将结构按照横架的逻辑区分出主次，而后面阔方向杆件均为单杆，并变为斜向交叉构件、同时尽可能置于高处以消除其视觉感知并抵抗大屋顶下细杆件的水平力。这样，在屋顶之下的视觉感知中，即便是竹结构，但因其组织逻辑，间架的概念仍旧存在，明间次

间区分明显，同时进深方向在视觉上并无横杆，不会通过一层层的"框"形成领域区分，而是表达出通透的方向性，视线穿过各斜杆后被檐口压低至水面，进而充分展示出周边环境的特征——厅堂与轩，于是在此不再是一个结构性的描述，而是彻底指向该场所适合饮茶休憩的空间特征。

在杜依克所设计开放学校教学楼中，我们则或许可以看到抹角梁所带来的空间潜力（图 13）。该建筑基本平面由 9 米见方的正方形单元组成，结构为钢筋混凝土框架；不同于常规结构做法，此建筑各柱布置于各边中点，形成四角打开的框架结构单元，而

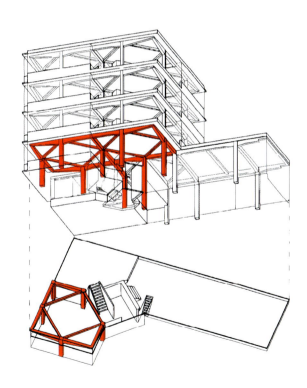

图 13 开放学校教学楼仰视轴测图

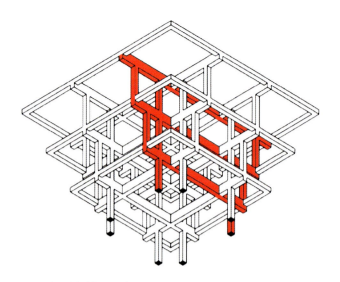

图 14 奈达之家结构仰视轴测图，自绘

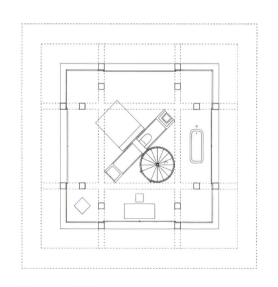

图 15 奈达之家二层平面图，©Pezo von Ellrichhausen

柱与柱之间连系梁则呈抹角布置，形成平面扭转 45 度边长 7.4 米的小正方形。尽管此案例中角部的打开主要是靠两侧梁的出挑，斜向的梁更多的意义在于拉结而并非前文叙述中承重的抹角梁，但这种布置方式带来的结果是由四柱四梁重新限定出正方形空间的中心领域，使之更具有内聚性，而反之在其外被打开的角部处三角领域的开放性也更加强化。而在多个单元相连接时，这种由抹角带来的角部打开之后互相借用挑梁的操作也使单元之间连接处的内部空间面向重新调整至与单元方向相同。这个案例中，抹角梁尺度因仅提供拉结作用而较小，但抹角操作对空间的潜力依然十分值得注意。如果进一步挖掘其力学意义而将其尺度异化至与槽或日本建筑中蚁壁近似，相信因对领域的强化作用而获得的空间感受将大为不同。

佩佐·冯·埃尔里希斯豪森事务所（Pezo von Ellrichshausen）设计的奈达之家（Nida House），则在内部将角部梁架借用的潜力尽数发挥（图 14、图 15）。该建筑是一个混凝土结构小住宅，平面呈正方形，共三层，自下向上逐层出挑。其中首层为盥洗室与卫生间、二层为主要的卧室空间、顶层为起居室及厨房。

从梁架的结构布置来看，奈达之家仍是基本的四象限（底层）或九宫格（二、三层）的空间模式；屋顶更是被两个方向的梁架均匀地划分为九个十分标准的正方形，形成完美的九宫格。

但多层匀质九宫格的模式，将同时面临空间、结构两方面的问题：

理想的空间模式未必能满足理想的生活——在住宅中，不同的功能空间对应着不同的私密性与面积需求，均匀的九宫格无法满足实际的应用，这就迫使结构做出一定的应对；而为了便于使用且营造不同的空间感知，自屋顶向下各层平面需层层收缩，这也使得下面各层"九宫格"在仍均分时会面对单元格面积不足的问题；而在结构层面，若各层均为匀质九宫格，必将导致"金柱"为斜向柱，无论从结构效率、使用效率等方面均不合理。

而佩佐·冯·埃尔里希斯豪森事务所对梁架的应对方式十分简洁——保持中心梁架单元不变，仅通过自上而下逐层收缩外围单元格来实现整体逐层出挑的形式。而对柱位的布置，则在简洁中体现出了智慧：将位于中央梁架单元格四角的"金柱"，各拆分为两根小柱，并沿轴线方向向外偏移近 1 米。于是，地面以上的结构整体可以被认为是横纵共四缝完全相同且互相交错的屋架，及三层圈梁组成。这一操作带来几方面好处：

在使用上，因梁架间的交点与柱子并不一致，各梁架单元格与柱子限定的区域之间出现多重含义的空间，打破了单元边界，使得使用方式得以多元化。而结构上，一分为二的"金柱"无疑可以减小自身柱径，使其宽度同梁宽一致，从感知上去除一定结构特征；同时，在保证内部跨度可以通过形成的"井字梁"的方式互承解决后，向外微微偏移的"金柱"，也改善了各层出挑时的受力情况，使结构整体更为合理。

更为精彩的是，这一操作对角部感知的改善巨大。表现明显的是二层平面的布置——家具及卫生间所形成的墙体，被特意沿对角线布置，从而使卧室获得了朝向另一个对角线的面向。除获得更大的卧室进深这一好处外，其空间得以成立的前提也在于金柱拆分偏移所带来的角部的解放——而这种拆分金柱后梁架的互相借用，及其所产生的转角打开并促进不同领域相融合的空间感知，可认为与婺源方氏宗祠戏台中的精彩表现殊途同归。

第七章 大木的演化

7.1 技术与形式

在东亚范围，"唐"的文化、艺术在影响力方面可谓无出其右；而建筑作为文化、艺术的综合体现，同样称得上影响深远。

但若将现存中日传统大木建筑进行溯源与对比，可发现尽管源头或许会短暂交汇于"唐"这一节点，而其后"形制"或"样式"的发展，却又有着各自的方向——而这种方向的差异，不仅来源于文化的融合，也受各类加工工艺的发展所影响。

在矿产资源——无论黏土或是煤矿——更为丰富的中国，明代时开始了对焦炭等高质量能源的大规模利用。这不仅使铁质工具的制造与加工技术实现了飞跃，也让制砖这一古老工艺的成本大幅度降低。同时，随着各类交通线路的打通与扩展，大批量砖材的运输问题也随之解决（如再次疏通京杭大运河后临清砖与苏州砖的蓬勃发展），烧制砖逐渐成为最主要的建筑材料之一。

因砖的成本降低、性能提高，硬山式屋顶得以出现，墙变为了一个非常重要的建筑要素，民居中院墙也越来越被广泛使用、合院从而大量出现，城市界面更随之发生变化——宋代与明清不同版本的清明上河图中对建筑之描绘便是一个很好的证明。

砖的大量使用，改变的不仅是山墙、院落的形态，屋顶出檐也逐渐变短。唐以后，受民族大融合影响，胡凳胡椅更为普及，人们从席地而坐的起居习惯逐渐转变为垂足起居，也逐渐发展了桌椅等垂足家具，这带来的最显著的变化是视平线的抬高——于是障水板得以出现，并于宋代逐步推广；至明代，不仅仅家具的制作技术突飞猛进，以砖为主要材料的窗下墙也开始普及。而随着砖工艺（无论制砖、砌砖工艺还是桐油钻生的防水工艺等）以及木构件表面地仗工艺（如麻灰地仗的出现）的提高，窗下墙的性能也越发优异，柱脚处被墙体保护逐渐不再惧怕雨水，出檐便也不再需要之前的超常尺度。

对照日韩的起居习惯与出檐关系，以及将国内宋式建筑柱高与出檐和明清建筑去掉窗下墙的柱高与出檐的比例关系进行对比，均可指向这种起居习惯导致视线变化所带来的上下檐出关系的差异及当中的某些一致性——日韩至 20 世纪前由于一直未变为垂足的起居习惯，出檐与柱高之比始终保持较大的数值；若将明清建筑的窗下墙高度从柱身高度中去掉，裸露在外的木质部分与出檐深度比例则与宋式建筑相当接近。而在大殿等仪式性强等级较高的建筑中，即使无相关活动，没有窗下墙，由于其对彩画及地仗的工艺精度要求较高，也顺利避免了柱脚易腐烂的问题。于是无论官式建筑还是民居、宗教建筑还是世俗建筑，出檐呈现整体变短趋势。

诚然对于结构表现性而言，明清建筑不如唐宋建筑，但这不应被视为结构的退步，而是结构对材料与需求的应变——用更少的材料解决同样的问题，本就是建筑发展的一大动力○。

不同于中国传统建筑很早就使用了高足家具从而解放了地面，日本绝大部分建筑在 20 世纪前仍采用高床式建筑（干阑式建筑）的方式以避潮湿（图 1）。高床式建筑中，被称作"床"的构造设计并非是人的卧具，而是放置物品之"橱"；人们平时之生活起居均于地板之上，跪坐或弯腰行动。正由于视平线一直处于跪坐高度，所以窗下墙这一元素，一方面不会起太多作用。另一方面，由于其自身高床式建筑的结构特征，建筑平面是被木梁架在地平面之上，地面木结构荷载承受能力也决定了建筑中难以用砖做窗下墙。所以，日本的檐口位置需要保证其木结构根部不受雨淋，故而屋顶的出檐需求始终巨大。又因终需解决室内外活动的需求，建筑中木制的缘侧以及广缘的大量使用，使得出檐不得不进一步增加，或许当今日本建筑师喜欢挑战结构极限的传统也由此而来。

而为舒适起居，木地板之上又会设席（榻榻米）。但因席之易于磨损的脆弱属性与障子隔音的不足，在进入这类居住建筑前的一个必然行为，便是脱鞋。这一特殊行为所带来的影响，主要体现在两方面：其一，人们在这类居住建筑中活动时，也会更注意避免发出声响——按照铃木忠志的说法："……廊道都是用木头铺设的，非常平滑容易摔倒。特别是穿着袜子的时候，非常容易滑倒或摔跤，所以无法在上面很迅速地移动。加上大厅与房间的隔间通常都是用纸做的墙面或是纸拉门，房间的另一边，很可

图 1 中日建筑出檐比较

能有人正在睡觉、宴客或沉思。穿过廊下常会让人感觉像是擅闯别人的房间。这种随时"与他人共处一室"的感觉，使得人们在动作上自然而然地安静和不张扬"○。日本建筑传统中的"静"空间，可以最大程度避免被运动所干扰；第二，尽管有广缘等"廊"的空间作为补充，但人的活动范围依然无法随时超出木地板的界限，建筑乃至园林中"静观"对象出现的概率大大增加，日本古建筑中缺乏进深与运动的空间观念被进一步强化。最终，这类身体感知与行为习惯逐步形成了具有日本特征的文化，并得以保留至今。

席与高足家具的选择，不仅在宏观上带来了身体与文化的差别，在微观上，更带来了建筑形式层面的明显区分——除屋顶出檐外，另一个巨大差异体现在门的开启方式区分及其引发的长宽比例层面，这甚至塑造了两国建筑在视觉比例关系层面的最大差

○ 此观点来源于董豫赣《玖章造园》。

○ 见铃木忠志《文化就是身体》。

异——日本的建筑乃至门窗比例整体较扁，呈现出极为明显的水平性，而中国建筑隔扇比例则偏瘦高，除去檐口外，总体而言在立面上未体现出明显的水平特征。

在中国，逐渐推广的高足家具使得对地面要求不高、但室内净高增加，同时因门轴固定并不必然需要地栿、墙体也可以持续土作或者砖作的逻辑，因此其构造特征并不、也无须与推拉门相适应，而通过相对瘦高的隔扇进行采光与通风成为技术上的首选。

日本对门窗的选择，则体现出了另一种技术逻辑：寝殿造、书院造两种类型的古代居住建筑，其最大特点在于高床特征，即架空的地面层——这一架空属性意味着，在地面需要大量的木方承重，这也为十分需要门下框/敷居（滑槽）的推拉门的出现提供了必要条件；架空也意味着其上方较难再出现砖与土墙，而全部是木逻辑的墙体建造。而即便如部分学者的考古复原中，在木骨泥墙结构处出现过使用推拉门的情况，也因其过分易于损坏而不会被大量选择——毕竟门框的固定关系、门框在泥墙中的防腐措施总归不如纯木构架空的建筑逻辑。

同时，不同于中国匠师对材料的理解，日本的匠师们并不避讳"大材小用"，而更在乎"破芯取材"：人们逐渐发现木材的髓芯是含湿量最高、密度最小也最易腐烂之处——在海洋性气候的日本地区，这种现象体现得更为明显。于是，他们会将原木破整为零，取所有不含髓芯之处加以使用，而这种选择或许使得构件向纤细化发展。同时，寝殿造与书院造因其空间观念或朝向庭园的特征，建筑室内呈现出极为干净的状态，在解决家具问题时，所有棚/架/储藏等均布置于空间中与风景相对的一侧，甚至集中至建筑空间的中心并进行与建筑共同设计制作的操作，这就使得建筑结构被拆分，梁柱尺度进一步变小，甚至家具化；因主要材料均破芯处理不易再加工成圆柱，也为更好地与各个方向的木构件相交接，他们最终放弃了圆柱抱框的方式而选择了与日本早期以及中国不同的方形截面柱，这也更利于推拉门的出现及使用；日本地区多震的特性，也使横向构件的数量大幅提高，位置也更为多样化——鸭居与长押等横向居于柱外，形成立面上与中国不同的强枋弱柱的形态，也使推拉扇越过柱位灵活使用成为可能（图2）。

图2 日本建筑中的榻榻米与推拉门，©S. Tsuchiya

但建筑结构与建造材料的适宜，还只是日本建筑中大量使用推拉门的充分非必要条件，真正令推拉门广泛运用的，仍是与高床式建筑相适应的起居习惯和材料选择。

因席地起居，对地面材质要求则越发高——不同于中国曾经席地起居时的筵席制度，日本在这基础上室内直接彻底走向满铺榻榻米：室内各个空间都受榻榻米模数影响，且地面全部为榻榻米所占据——这使得方柱的使用更为必要。同时，不同空间之间的门的选择也一并出现改变：若为平开门，其与榻榻米交接之处席子必然产生大量磨损，且因相邻空间均为榻榻米房间，平开方向的选择显得尤为困难；此外，为适应起居特征及接触与保护榻榻米，人们进入室内的必要程序是脱鞋，如此一来便限制了使用者的活动区域，所以在希望接触室外时，檐廊、缘侧处空间也需要采用木地板的形式。但因受上方屋顶出挑距离限制，缘侧处宽度并不大，这便令平开门的使用十分尴尬：如朝内开，席子的磨损无法避免；如朝外开，缘侧处行进路线又会受干扰。

所以，推拉的"障子"成为这类建筑中各界面围护的首选，即便偶尔出现平开门，也更多作为仪门使用——光净院客殿中便是如此。

而进一步从门的角度讨论，可发现两种开门方式所带来的立面表现上的明显差别：为保证强度，每个推拉扇可以做宽、但不能太高，否则过于易于"塌腰"；同时，无论是以柱边为控制线的内法制还是以柱中为控制线的真制，均是从地面柱网开始设计，对建筑中细的方柱本身高细比的考虑需要横贯连接的问题，长押高度也基本固定，空间便呈现出明显的水平特征；而在中国传统建筑中，平开门（隔扇）打开时其受力相当于悬臂，所以应保证高度而尽量减小宽度，故而整体呈瘦高的状态，同时又因屋顶逐步变陡、柱身也较为粗壮等原因，最后所呈现出的空间特征便与日本高床式建筑极为迥异（图 3）。

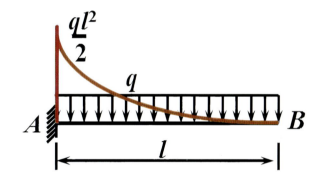

图 3 中国传统隔扇比例关系及受力特征

7.2 寸法与尺度

生活习惯与建造技术上的差异，不仅带来形式上的差别，也带来了不同的模数控制方式，进而影响了设计逻辑。

在日本，对建筑设计中各尺寸进行控制的方法通常被称为"寸法"，在中国则称"尺度"。而对"寸法"与"尺度"之间差异的理解，或许不应仅仅局限于语言层面。对建筑中"精确"与"准确"之间关系的理解，在这种用词差异下体现得更为明显。

在寝殿造、数寄屋造等建筑中，柱框层各结构构件纤细、交接关系复杂，同时考虑到水平力抵抗及与内部"建具"（固定家具）乃至"叠"的统一设计建造及交接问题，对构件加工的容差控制与定位精度提出了极高的要求，对柱框层进行"精确"地建造成为一种刚需；而在禅宗样等宗教建筑中，出于对"正面性"的考虑，通过椽的尺寸对斗栱乃至面阔予以调整，从而实现严格的对位关系，最终实现将最突出的"椽"（枝）与较突出的"斗栱"（组物）进行视觉表现的目的。在这一过程中，基本控制尺寸服务的主要对象为椽与斗栱，对"精确"仍有极高要求——面阔大小只是作为尺寸调整最后的结果呈现，而较少参与调整的过程。

而在中国古代建筑中，"材分""斗口"等制度，虽也涉及较小尺寸构件的规定，但其主要目标仍是控制梁、枋、柱等结构构件的用料、规模而非形象，而法式、则例等规定的更多意义，是为工程提供一个计量参考。所以这类"模数"在实际使用时，并不必深入到装修等更为精细的环节，调整的灵活性更强，控制力度也相应减弱。但结合前文所述各类传统大木结构设计的精彩，或许可以认为，中国建筑中的模数关注点更多在于结构建造与愿望表达的"准确"，而非局部构件处理的"精确"。

至于中国建筑历史上从"材分制"逐渐向"斗口制"的转变，则同样是材料加工技术与建造技术逐步演变所带来的结果——焦炭的使用、冶铁技术的进步，共同带来的工具的发展，也影响了从唐宋至清代的中国传统建筑中关于模数及木材断面比例的变化。

手工业时代，建造逻辑与能获得的材料、能加工的工具之间的关系密不可分。传统大木建筑的承重构件要求材质轻、强度高、

性能稳定，适合用作梁架的除楠木外，还有红松与杉木。而按结构位置，适合凿眼用作柱的有红松、白松、杉木、楠木、桦木、杨木等，但其中，桦木与杨木又不适合做榫头。所以，容易真正做出透榫（对材料要求最高）的，主要是楠木、红松、杉木几大类。对南方的建造活动来讲，这些可用材料中，红松主要生长于北方，在早期远距离运输是一项较难解决的问题；楠木生长缓慢，材料昂贵，总体使用也较少；相较而言，杉木当属最为理想的南方建材：生长于长江以南，生长较快，易于获得的同时也易于加工。所以，南方地区榫卯的较早出现及穿斗建筑大量而持久的应用，当与此密切相关。

黄河以北，则走的是另一条技术路径——即土木共同作用。柱子不仅仅用来支撑屋顶，也用来定位墙体，同时墙体也起到一定的对屋顶的支撑与横向稳定之功用。于是屋顶方能呈现独立完整的"铺作层"——其首要任务便是保持墙根与柱根不受雨淋，所用技术归根结底则是依靠井干端头叠涩出挑。在这里，木材的

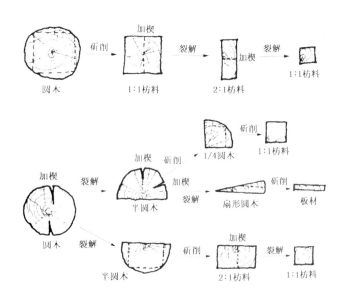

图 4 框锯出现以前的解料方式

加工仅仅是将各处构件做成方，在端头处用斧、斤、凿等工具各自去掉一半并进行相互咬合，所以工艺并不是首要考虑因素，木料自身高度能够相互匹配便足够使用。由于工具原因——在框锯并未大量推广前，木材开料仍靠裂解，所以早期建筑"枋"等构件最常见的截面宽高比是1∶1或1∶2（或许这也是"枋"字由来）（图4）。

从《营造法式》所述建造体系来看，宋代时应存在两种主流的木结构体系，即殿堂与厅堂。作为最主要的官式建造体系，殿堂自唐时北方的土木层叠型建筑一脉相传而来，其本质仍是井干式的层叠逻辑——在殿堂造建筑之中，梁栿枋等水平构件与柱的交接仅在柱头，而后在上部相互层叠咬合形成"铺作层"，而梁栿之上的交接也多靠木方等构件调节高度，相互之间的关系为端部咬合而非穿透。主要梁栿需要在高度上与其各层木方共同匹配，才能保证各处交圈，所以其中重要的尺寸便是高度，同时因为逐层咬合，各材料底面宽度值没那么重要（逐层咬合后两端被固定，不易失稳），而此时框锯已被大量采用，可以将圆木尽可能经济地使用，所以，从单根材料的截面上看，宋代可以取到最为经济合理的截面高宽比，即3∶2。

相同木材、相同截面惯性矩情况下唐宋木构截面及所需原木直径最小值比较。可见早期建筑中虽然同根原木中可取两根材，但所采用原木所需生长年限更长——树木越生长柱径增加越慢，"大材小用"之行为对木材利用率而言是极大浪费。

而所谓材、栔，其义是构件竖向构成上的基本单位，这是材栔模数最初始的原点。从构造节点的角度而言，以材栔为祖的模数制度，当首先产生于水平构件叠接时，在竖向高度上相互配合的需要。材栔制度着眼的是竖向尺度构成上的模数控制，其所反映的性质是结构意义的，是构造性的，而横向尺度构成本身则因此制度无关，材栔制仅以一定的折变率起到控制作用。

但随着官式建筑的建设中心以及大量工匠随都城南迁（南宋）又回归北方（永乐迁都），北方建筑技术不断地同南方融合；明代民间的作坊大量出现也促进提高了建筑材料与技术——运输能力提高导致取材不再局限于某地；冶铁工艺提高使建筑工具全方面进步；加之对煤与焦炭的运用，使对火的利用率与利用范围显著提高，砖（甚至琉璃）得以大面积推广使用，出檐也不再是最主要需求等原因，基于井干逻辑的殿堂式建筑因其耗费材料、上下两部分整体性差等原因逐渐退位，穿斗—厅堂逻辑的建筑开始成为通用选择——大殿建筑的屋架结构更多地采用成缝（榀）的屋架，面阔方向构件开始只辅助承重，主要承担拉结功能；同时因屋檐出挑减小、为顺畅排水屋顶开始变陡，屋架的高度也不再靠叠木方来实现，而直接靠童柱来解决檩垫枋等水平构件的高度问题。材分制度所更适用的基于井干逻辑的殿堂体系在清时几乎不复存在，取而代之的是融入大量穿斗逻辑的更似厅堂体系的"抬梁结构"。

于是，原本调节木方高度所用的"材"的模度方式在构造上重要性退化，而大量的透榫出现在屋架之中，卯口的宽度成为选择材料与构成建筑的重要指标——透榫之中，卯口宽度在材料与力学层面直接决定了被穿材料的最小宽度，而这个最小，即是控制造价所需讨论的核心问题。

同时，从结构的角度，由于厅堂造或穿斗建筑中无铺作层，斗栱在整合梁栿高度与出挑的重要性并不明显，更多还是在面阔方向分担荷载，以及调整各间缝梁柱（屋架）之间的面阔方向的间距，所以补间铺作逐步从柱头方的附属垫块开始走向独立表现，形成独立的平身科。这个过程中在结构上发生了两个变化，其一为防止较薄梁枋上补间铺作坐斗失稳，普拍枋开始出现；其二是补间铺作（平身科）经历了越发深度地参与水平方向结构构成的过程，所以其大小与布置位置成为确立建筑屋架之间距离的重要参照因素。由于此处确立的全部为横向距离，所以大小即由斗口宽度所计算，而位置关系则通过斗口倍数关系确认，即通常所说的攒当。

所以材分制与斗口制度的区别在于，材分制度关注的是材料本体，是构件高度；而斗口制度关注的是材料交接，是节点宽度。或者说，材分制应用与层叠型结构主导下的材料逻辑相吻合，而斗口制的产生则更多偏向于穿斗结构或厅堂型抬梁影响下的节点逻辑。二者所关注的均主要为大木结构本身的效率，而非最终呈现的效果。

这便同"叠割"或"枝割"的逻辑有了极为明显的区别:如果说材分制中所关注的是材料优先、斗口制中所关注的是节点优先,关注点始终在于"结构",那么"叠割"的尺度控制方式则是以"平面"为优先考虑对象,而"枝割"的控制方式则体现出了立面优先的特点,关注点直接被放置于"形式"——而这种对形式的关注,也无意中在日本古代建筑与现代主义建筑间架起了一道桥梁。

7.3 效率与效果

自唐宋至明清,大木建筑的形式发生了一些较为明显的变化:出檐缩短、举架增高、斗栱与真昂逐渐弱化,同时即便在殿堂建筑中,梁枋也不再以层叠木枋的组合形式出现,而以单独构件的形式存在——在许多受结构主义影响的建筑史学者看来,这些"变化"意味着"退化"。

然而需要承认,建筑终究不仅仅是匠师们进行艺术表达的载体,作为一种系统工程,它有着自己的演变逻辑——如何利用更少的材料、更简便的工艺建造出具有相同规模的空间,是建筑技术在历史发展过程中所持续关注的核心问题。换言之,尽管建筑最终呈现的"效果"十分重要,但技术的发展方向始终会将"效率"放在更优先的位置进行考量,而自唐宋至明清的建筑形式演化,实际也证明着这一点。

前文中我们已经讨论过从材分制到斗口制的过渡过程,以及部分形式变化的产生逻辑,接下来尝试进一步说明清代大木建筑之"效率"体现。

昂的演化与梁枋截面比例的变化应共同考察。执着于昂自身的外观、分期与形制,必然陷入分类的困境,进而得出其结构构件退化的结论;而梁枋截面比例的逐渐"臃肿",也令其科学性受到质疑的同时,又使其艺术风格进入了"僵化"的陷阱,进一步坐实了结构"退化"的罪名。

但若将视角放置于大木建筑整体节材的角度可发现,这些演变是建造技术进步所带来的一个必然选择。

清代大木建筑中各个构件的相对高度,不再依托于木枋的堆叠,而几乎都靠童柱这类竖直构件来解决——这一方面解放了模数制度对高度的约束,可使屋架更为高峻、从而抵消出檐变短所可能带来的水患,却也同时带来了若下部水平构件宽高比仍为2:3则上方童柱易发生失稳的问题;同时,因"铺作层"消解,节点处仅靠单一梁枋构件咬入斗栱或柱身,而不再有其他层叠梁栿共同交接,此时若梁栿构件过薄、则榫头处节点强度会存在不足。所以,清时建筑梁枋的高宽比自宋代较为合理的3:2,走向被很多学者所诟病的 12：10。

"在具有桁架传统的欧洲建筑文化中，木结构的稳定性在很大程度上是一个几何（结构）问题，而在以中国为中心的东亚建筑文化中，稳定性在很大程度上是一个节点（构造）问题。"⊖

这种梁枋断面比例变化最终呈现的结果尽管略显臃肿，但其好处也显而易见：一方面，增大的宽度可使童柱出榫入梁上皮，而非更早时期的"夹持"做法，稳定性更高；另一方面，梁枋与柱交接处的接触面更大，透榫节点位置可被处理为"袖肩"等更为稳定的构造做法，使大木构架整体抵抗变形的能力大大增强。

再回到对梁枋材料利用效率问题的讨论——通过作图可发现，若仍以相同截面惯性矩的方式计算，在承载量相同的情况下，清代所用单根原料确实较宋时稍大（图5）。

但梁枋截面的演变，不仅体现于比例，也同时体现于形状。唐宋时期，各梁栿因需上下层叠咬合，为使"铺作层"更为严密，各水平构件断面几乎均为直角方截面，转折处并无特殊处理。而在明清时期——尤其是官式建筑中——大量梁枋单独露明出现，其截面均为经过处理的圆角方截面。这种被称为"滚楞"（即倒圆角）的处理方式，其产生原因我们并无法确定，但带来的至少有以下几点好处：

第一，对施工过程中意外的考虑。构件在制作安装时，角部最易产生磕碰，若露明处为直角则磕碰痕迹将极为明显，边楞被提前处理为圆角则可避免许多因损伤带来的视觉影响。

第二，对梁枋材料保护与表现的考虑。明清时期与大木建造技术一同进步的，还有地仗层的做法。这种以麻刀、油灰为材料，附着于木结构上的彩画基层，可将木材表面找平、并保护内部木构件不受雨水或虫害之影响。而边楞处圆角的形式，可使地仗在进行包裹时连接各侧面，从而形成更为连续、整体的地仗层，提升其稳固性；同时，对侧面边界的打破，也使彩画纹样在表达上有更多可能，而不局限于各平面分离的做法，与梁枋单独露明出现的形式更为适应。

第三，则是对材料的节省。作为一种天然材料，木材之特性决定了其边材部分（也称"标皮"）含水率更高、木质更为疏松，也更易出现糟朽或虫蛀等病害，所以通常会有"去标皮"的处理。对梁枋截面滚楞的做法，可令材料选择时更为游刃有余——完整的方形并不需完全内切于木材直径，只要将"标皮"留于圆角位置，便可减小原木直径，出材率显著提高，甚至可能高于宋式截面对原木的利用率。而拼镶工艺的逐渐成熟，也可令小截面木料拼成完整大梁——在这一过程中铁箍的应用必不可少，滚楞的处理则可使铁箍在转折时更为均匀，也避免了应力过于集中的情况发生。而这一系列做法，都在细节之中大幅度提高了木材的利用效率（图6）。

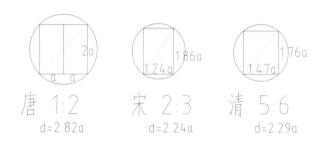

图 5 构件断面比例及用料大小，自绘

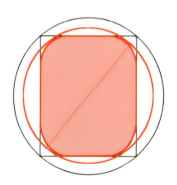

图 6 滚楞做法对材料节省的影响示意图，自绘

⊖ 刘妍《编木拱桥——技术与社会史》。

再将视角从单一构件的加工拉回到整体构架——由于不再是层叠逻辑建造的殿堂型建筑，清代的抬梁式结构在整个建造体系上将构件大为简化。所以，按照清代做法建造的相同大小建筑所用的木构件数量及用木料的总体量应远远小于宋式建筑。

昂的演变也遵从着这一逻辑。众所周知，在同样出檐距离、同样跳数的情况下，使用下昂之斗栱较未使用下昂之斗栱高度更低。但需要注意的是，下昂所降的不仅仅是表观上的一攒攒斗栱之高度，更是整个铺作层乃至屋架的整体高度——各槫的相对位置是固定，斗栱处高度变化直接关联着其后整个建筑的各槫高度。

而对早期建筑——尤其是殿堂式建筑——而言，这种高度变化，意味着三层设计问题：

其一，为檐口高度变化带来的是对柱根保护的有效性问题——即若不用下昂，水平出挑导致檐口高度升高，但出挑距离未变，柱根处的防潮措施是否仍旧到位，若不是则需要继续加大出挑距离，对结构及材料均为一大考验。

其二，空间利用率问题。净高未变、但屋顶更高、占比更大，空间本身的经济性将大打折扣。

第三，材料的经济性问题。在屋架各槫位置增高时，作为层叠逻辑的殿堂造各槫均需要增加不同层数的通长木方以适应其变化——彼时结构体系及工具决定了童柱应用较少——材料消耗量大大增加。

所以，昂的使用对唐宋时期殿堂结构的建筑而言是一个非常高效合理的选择——不仅仅在于其结构意义，还有着非常显著的空间及经济效率层面的意义。

但在进入明清之后，建筑出檐变小、举高随之增加、而后童柱的利用大大增多，这就从三方面大幅度削弱了"真"下昂的必要性。加之已能够通过大量穿抬结合的做法实现减少材料的最终意图，那么其功能意义自承重逐步演变为拉结甚至走向装饰化，便有了必要条件：此时若再用截面巨大的下昂进行出挑，反而会造成结构冗余与材料浪费——局部表现效果的实现，最终让位于了建造效率及材料利用效率的大幅度提升。

7.4 大木与小木

在本书第二章"范围与顺序"中，我们曾尝试对本书中涉及建筑案例选择的范围进行过说明：即从结果而言，时间上以宋辽金至明这一时期为主，而功能类型上以宗教建筑为主；而通过第三、四、五章的讨论，这些案例可以充分说明大木结构在参与空间限定、实现空间愿望时的潜力，也有助于我们借助这些经过历史沉淀的智慧解决当今"框架结构"设计中的问题。

但需强调的是，宗教建筑设计并不能涵盖全部的愿望、大木结构设计并非实现空间愿望的全部手段，而自宋至明的时间范围，更不能涵盖中国传统建筑历史上全部的设计智慧。从这一"范围"切入进行讨论，只是为了便于分析。

明清以来，从建筑业到制造业，各类工具蓬勃发展、工艺飞速进步，人们能够处理的材料大大增加，可以实现的形式不断产生。这使家具与内檐装修的制造水平飞速提高，室内落地罩、花罩、碧纱橱等隔断形式也更为普及；与此同时，建筑用料尺度也在逐步缩减，这更为大木—小木之间的融合创造了更多机会。表现最为明显的，是在各个居住建筑、园林建筑或藏书建筑之中——以内檐隔扇、固定家具等与身体更为密切之"装修"构造为主要手段对大空间进行重新分隔与定义，成为此类建筑中实现空间愿望的主流方式；大木结构则因距身体较远、尺度仍难于参与更细致的空间划分，而一定程度上退居于幕后。

但明清之际的大木设计智慧并未消失：尽管通常认为"减柱""移柱"之结构设计方法盛行于辽、金、元之际，但从文渊阁等案例中我们可以惊喜地看到，清代之大木结构设计进入了更为精细的层次：

清文渊阁位于紫禁城东南，文华殿、主敬殿北。始建于清乾隆四十年(1775年)，次年落成，主要用于庋藏《四库全书》，并同时作皇帝经筵赐坐赐茶及阅览之场所。文渊阁面阔六间，进深共计五间。外观分上下两层，上檐歇山顶，黑琉璃绿剪边；下檐前后各出一步廊作腰檐。室内实为三层，下层明间、次间处设屏风、宝座、大案等用于经筵等活动；腰檐高度用作仙楼夹层，主要用于扩充书籍容量；上层则除西尽间为楼梯间外，其他五间通连，每间依前后柱位列书格间隔，皆为庋藏图书之用，惟明间设宝座用于皇帝阅览。

从近年对文渊阁测绘的结果来看，该阁殿身通进深与《工程做法》中对相似规模建筑之规定吻合（即 132 斗口）；各间之面阔与各步架之进深却并无明显规律——既非整尺，又同斗口倍数不合；而建筑中唯独合整数尺寸的，却是紧贴于各间金柱的书架净宽（整四尺）。通过对建筑中各项数据的反复核对与计算，并对比现存文津阁、文溯阁、文澜阁等同时期、同功能之建筑遗存，可知在文渊阁中，书架尺寸可以作为解读整体尺度设计的关键（图 7、图 8、图 9）——以书架总宽为主要设计依据对金柱净间距进行调整，进而可确定前后廊及西侧楼梯间宽（歇山廊步应尽可能等距）；取斗口倍数确定踩步金至东次间梁架间距，加廊宽可得各次间面阔宽度；明间面阔则取自场地轴线文华殿、主敬殿面阔之宽。[⊖]

这种通过书架尺寸结合斗口制度，对金柱间净宽进行调整的"移柱"方式，其智慧之处在于既可以作为中介物同时兼顾书籍存放与结构的效率，使书架自身对身体之尺寸考量直接融入建筑设计之中，进而令书阁大木尺度设计也更为合理易用；又能够巧妙地调整楼梯间宽度、使廊步内容纳双跑楼梯成为可能。在确认了以书架尺寸为核心后，在地盘设计之初便将其纳入整体控制，而后再根据现场复尺在施工过程中对书格进行微调，从而在功能需要与结构合理之间获得平衡。至于明间面阔的确定，更是充分照顾到场地环境，体现出了皇家藏书楼的特点。

可见，清代工匠面对特殊需求进行设计之时，可在官书规定的斗口与丈尺做法内，灵活选择"以中为法"的轴线尺寸控制方式，或"以书为法"的净宽尺寸控制方式，从而进行更为精细化的空间设计。在这种设计方式中，大木结构不再是先于空间、决定空间的绝对存在，而变为服务空间的建筑要素。

而这种设计方法中所蕴含的"精细"，也绝不亚于书院造"叠

割"中计算的精确——不同处仅在于，其基本模数单元是取自榻榻米还是以书架为代表的核心家具。小木作不仅参与了空间的分隔或定义，更直接影响着整个建筑大木尺度的确立。

而从文渊阁的极高完成度来看，至少至乾隆朝，这种设计方法便应非常成熟。殊为可惜的是，一直以来家具或小木作之尺度，并不被建筑史学界当作与大木尺度设计同等重要之问题——营造学社所绘制文渊阁剖面中未涉及书架便是一大明证——故明清时期极可能存在大量更为精细的大木设计，等待着我们逐步发现；也期待这些未来的发现，能够让我们对中国传统的大木结构、空间观念、建筑设计有更为深入的认识与感悟。

⊖ 详细过程见《以书为法——紫禁城文渊阁设计中的定格与破格》，建筑学报 2022 年 7 月。

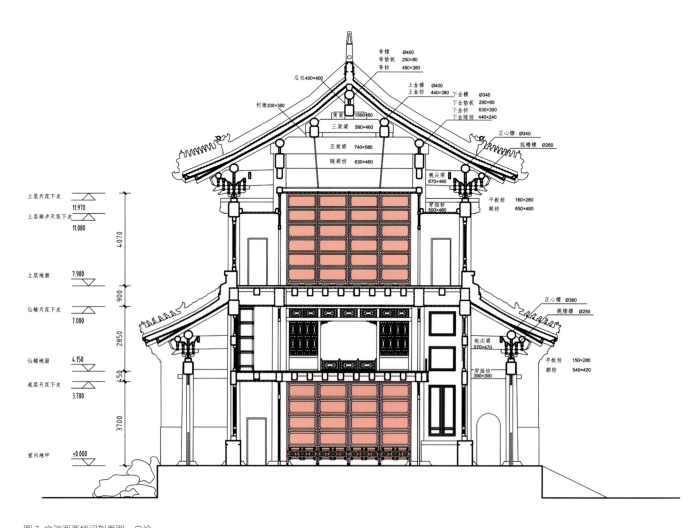

图 7 文渊阁西梢间剖面图，自绘

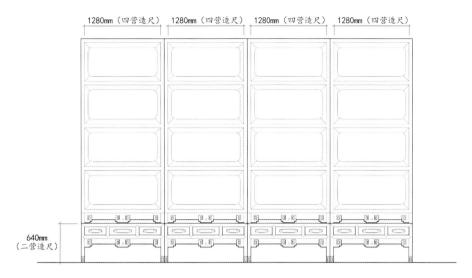

图 8 文渊阁一层书架尺寸图,自绘

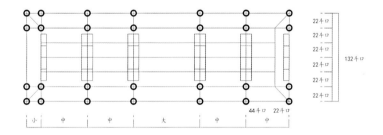

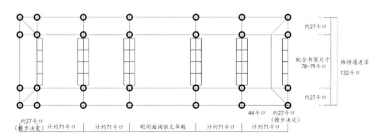

图 9 文渊阁地盘设计过程示意图,自绘

参考文献

[1]沙利文.沙利文启蒙对话录[M].翟飞,吕舟,译.北京:中国建筑工业出版社,2015.

[2]德普拉泽斯.建构建筑手册[M].任铮钺,译.大连:大连理工大学出版社,2007.

[3]内藤广.结构设计讲义[M].张光玮,崔轩,译.北京:清华大学出版社,2018.

[4]筱原一男.建筑：筱原一男[M].南京:东南大学出版社,2013.

[5]齐藤英俊,穗积和夫.桂离宫：日本建筑美学的秘密[M].张雅梅,译.上海:上海人民出版社,2021

[6]太田博太郎.日本建筑史序说[M].路秉杰,包慕萍,译.上海:同济大学出版社,2016.

[7]张十庆.古代建筑间架表记的形式与意义[J].中国建筑史论汇刊,2009(00).

[8]梁思成.图像中国建筑史[M]. 北京:生活·读书·新知三联书店,2011.

[9]李诚.营造法式译解[M].王海燕,注译.武汉:华中科技大学出版社,2014.

[10]李诚.营造法式图样[M].北京:中国建筑工业出版社,2007.

[11]潘谷西,何建中.《营造法式》解读[M]. 南京:东南大学出版社, 2005.

[12]傅熹年.中国古代建筑史第二卷（三国、两晋、南北朝、隋唐、五代建筑）[M].北京:中国建筑工业出版社,2001.

[13]郭黛姮.中国古代建筑史第三卷（宋、辽、金、西夏建筑）[M].北京:中国建筑工业出版社,2003.

[14]潘谷西.中国古代建筑史第四卷（元、明建筑）[M].北京:中国建筑工业出版社,2009.

[15]河南博物院.河南出土汉代建筑明器[M].郑州:大象出版社,2002.

[16]傅熹年.傅熹年建筑史论文选[M].天津:百花文艺出版社,2009.

[17]张良皋.匠学七说[M].北京:中国建筑工业出版社,2002.

[18]张复合.建筑史论文集:第15辑[M].北京:清华大学出版社,2002.

[19]张十庆.从建构思维看古代建筑结构的类型与演化[J].建筑师.2007(4).

[20]张延,周海军.中国古代建筑空间格局与像设关系初探:以永乐宫三清殿为例[J].南方建筑.2006(11).

[21]周仪.水平和垂直木构在中国传统建筑中的空间表现性[J]. 时代建筑,2014,(03).

[22]曹雪. 襻间考[D].天津:天津大学,2012.

[23]刘临安.中国古代建筑的纵向构架[J]. 文物. 1997(06).

[24]杨新平. 保国寺大殿建筑形制分析与探讨[J]. 古建园林技术,1987,(02).

[25]祁英涛.晋祠圣母殿研究[J]. 文物季刊. 1992(01).

[26]萧默.敦煌建筑研究[M]. 北京:文物出版社, 1989.

[27]李哲扬.潮州开元寺天王殿大木构架建构特点分析之一[J]. 四川建筑科学研究,2010(01).

[28]四川省文物考古研究所,四川省平武县文物保护研究所,四川省平武报恩寺博物馆.平武报恩寺[M]. 北京:科学出版社,2008.

[29]周亮. 渝东南土家族民居及其传统技术研究[D].重庆大学,2005.

[30]张复合.中国近代建筑研究与保护:六[M],北京:清华大学出版社,2008.

[31]郭屹民.结构制造:日本当代建筑形态研究[M].上海:同济大学出版社,2016.

[32]孔德钟.关于空间与结构的设计方法-结构法初探:以坡顶结构为例[D].南京:东南大学,2014.

[33]沈雯.关于空间与结构的设计方法-结构法初探:以框架结构为例[D].南京:东南大学，2014.

[34]朱永春.《营造法式》殿阁地盘分槽图新探[J].建筑师,2006(12).

[35]李乾朗.穿墙透壁:剖视中国经典古建筑[M].桂林:广西师范大学出版社,2009.

[36]巫鸿.时空中的美术:巫鸿中国美术史文编二集[M].梅玫等,译.北京:生活·读书·新知三联书店,2009.

[37]董豫赣.玖章造园[M],上海:同济大学出版社,2016.

[38]铃木忠志.文化就是身体[M],上海:上海文艺出版社,2017.

[39]蔡军,张健.根据史料分析比较中日殿堂建筑设计中的木割基准寸法[J].建筑史,2003(03).

[40]李浈.中国传统建筑木作工具[M],上海:同济大学出版社,2004.

[41]刘妍.编木拱桥：技术与社会史[M],北京:清华大学出版社,2021.

后记

本书是在笔者于北京大学建筑学研究中心读书期间在董豫赣老师指导下所作硕士论文——《传统大木建筑的空间愿望与结构异变》——的基础上扩展而来的。

硕士毕业之际，得论文外审老师金秋野先生的鼓励，该文曾被缩写成短文，并收录于金秋野、王欣二位老师主编的《乌有园第三辑：观想与兴造》一书中；后该论文又随笔者其他随笔打散，混入名为《藏在木头里的智慧：中国传统建筑笔记》的"科普书"之中。

这次在董老师的督促与秦蕾老师的鼓励下，尝试对完整论文再次整理。整理过程中又听闻书籍将随董老师和张翼、王宝珍二位师兄新作一同面市的消息——倍感荣幸之外，忐忑不安的情绪更为激烈。

细思不安之原因，应既来源于毕业多年在讨论设计的能力方面竟似乎无甚进步、从而需要不断"炒冷饭"的惭愧，又来源于工作后不断接触更多真实的古代建筑，从而产生的对从前粗浅理解的不自信。

但因中心论文并不公开于网络，近年颇有些看到《乌有园第三辑：观想与兴造》的朋友来索学位论文全文。言及求文理由，答案大约两类：其一是学位论文的推进方式在逻辑方面可能较短文更周密些；其二是对短文内未收入案例感到好奇。

尽管或许可将这些理由理解成对短文行文逻辑与案例选择的委婉批评，但也确实让笔者在完整论文出版价值方面获取了一点信心。于是本书第三章至第六章，几乎保留了硕士论文的原貌，仅对原文中明显错误之处有所改动——即便相关设计的观点略显稚嫩、涉及史学的部分不甚扎实，也至少希望将一些有趣的案例和值得思索的问题带给感兴趣的建筑师同行。

而书中涉及对日本传统建筑讨论的部分，则大多是本次新作内容——两国古代建筑中存在诸多的共性特征，而两国现代建筑设计平均水平的差别却不容忽视。于是，日本同行如何理解他们的传统建筑，也许是我们应学习思考的问题；而探索中日传统建筑之间差别及其对建筑设计影响的理解方式，显然也应是我们不可推脱的责任。所以，在继续整理代表性案例的同时，也斗胆抛出中日建筑间"间面与间架""动与静""寸法与尺度"等个人认为较关键的涉及空间观念的差异问题并尝试进行讨论——所得的答案显然只是阶段性认识，还存在大量不足之处，不敢奢求目前的结论对设计能有所帮助，只希望这些差异的价值能够被更多同行看见。

最后，怀念在北京大学建筑学研究中心的快乐时光。

群岛 ARCHIPELAGO 是专注于城市、建筑、设计领域的出版传媒平台。由群岛 ARCHIPELAGO 策划、出版的图书曾荣获德国 DAM 年度最佳建筑图书奖、中国政府出版奖、中国最美的书等众多奖项；曾受邀参加中日韩"书筑"展、纽约建筑书展（群岛 ARCHIPFI AGO 策划、出版的三种图书入选为"过去 35 年中全球最重要的建筑专业出版物"）等国际展览。

群岛 ARCHIPELAGO 包含出版、新媒体、书店和线下空间。

info@archipelago.net.cn

archipelago.net.cn

本书试图通过对传统大木建筑中结构与空间关系的研究，以期突破"框架结构"在现代建筑设计中的窘境。全书分为框架的窘境、大木的逻辑、进深的变动、面阔的表现、转角的处理、空间的潜力、大木的演化七章。作者通过对历史上各建筑进行实例分析，指出中国传统建筑主体框架——大木作，并非法式的刻板表达，而是充满具体的空间意图，使结构在空间中可以呈现出等级性、领域感与方向性的特征，并试图在建筑史与现代建筑设计中架起桥梁。本书可供建筑相关专业人员及大众读者学习参考。

图书在版编目（CIP）数据

大木与空间 : 传统结构的表现与潜力 / 朴世禹著.
北京 : 机械工业出版社, 2025. 2. -- ISBN 978-7-111
-77568-3
Ⅰ. TU366.2
中国国家版本馆CIP数据核字第2025VG0197号

机械工业出版社（北京市百万庄大街22号　邮政编码100037）
策划编辑：赵　荣　　　　　　　　责任编辑：赵　荣　张大勇
责任校对：王小童　杨　霞　景　飞　　责任印制：李　昂
北京利丰雅高长城印刷有限公司印刷
2025年6月第1版第1次印刷
205mm×190mm·4.333印张·163千字
标准书号：ISBN 978-7-111-77568-3
定价：69.00元

电话服务　　　　　　　　　网络服务
客服电话：010-88361066　　机 工 官 网：www.cmpbook.com
　　　　　010-88379833　　机 工 官 博：weibo.com/cmp1952
　　　　　010-68326294　　金 书 网：www.golden-book.com
封底无防伪标均为盗版　机工教育服务网：www.cmpedu.com